RÉPONSE

AUX ADVERSAIRES

DES

PROJETS DE LA VILLE DE PARIS.

EAUX DE PARIS.

LETTRE A UN CONSEILLER D'ÉTAT

POUR SERVIR DE

RÉPONSE

AUX ADVERSAIRES

DES

PROJETS DE LA VILLE DE PARIS.

PAR ROBINET

Rapporteur de la Commission d'enquête du département de la Seine.

Paris,

IMPRIMERIE ET LIBRAIRIE DE Mme Ve BOUCHARD-HUZARD,

RUE DE L'ÉPERON, 5.

1862

A M. LE CONSEILLER D'ÉTAT ***.

Monsieur,

Informé que vous auriez bientôt à discuter les nouveaux projets de la ville de Paris pour l'aménagement de ses eaux, vous m'avez demandé tous les renseignements dont je pourrais disposer.

Vous avez pensé que le rapporteur de la commission d'enquête du département de la Seine devait être déjà préparé sur cette question, et que, d'ailleurs, il retrouverait la même bienveillance et le même empressement chez tous les hommes qui avaient déjà donné à la commission le concours éclairé de leur savoir et de leur expérience.

Les projets de la ville de Paris ayant été, depuis la publication du rapport de la commission d'enquête, l'objet de nombreuses objections, vous avez désiré les connaître toutes, ainsi que les considérations et les faits qui peuvent leur être opposés.

De bons esprits avaient cru que les mémoires de M. le préfet et le rapport de M. Dumas, si riches de science et de faits ; que le rapport consciencieux de la commission d'enquête n'avaient guère laissé à l'esprit d'opposition que la ressource d'une retraite honorable. Mais les adversaires du projet ne se sont pas tenus pour battus ; ils sont revenus à la charge , et leur persistance pourrait exercer une certaine influence sur l'opinion publique si l'on ne répondait pas catégoriquement à leurs attaques.

Notre société parisienne, quelque éclairée qu'elle puisse paraître, est encore imbue d'un grand nombre de préjugés, et d'ailleurs on ne peut pas exiger d'elle une variété de connaissances assez grande pour qu'elle puisse se faire seule une opinion équitable.

En conséquence, vous avez désiré que la question des eaux de Paris fût traitée de nouveau à fond et qu'il ne restât aucune objection, quelque minime qu'elle fût, sans réponse ou sans éclaircissement.

Vous avez cru pouvoir compter sur mon impartialité et sur mon indépendance ; j'espère justifier votre confiance en mettant sous vos yeux, sans exceptions, les objections et les réponses, de façon que toute personne attentive, qui aura su se défendre d'injustes préventions, de vieux préjugés ou de craintes chimériques, pourra s'édifier sur des projets qui ont déjà reçu la sanction des autorités les plus compétentes et les plus respectables.

Quand nous avons cherché à nous rendre compte de l'ordre qu'il convenait d'adopter pour ce travail, nous avons éprouvé (nous en faisons l'aveu) un très-grand embarras.

Bien qu'on n'ait guère ménagé ni l'administration, ni les ingénieurs , ni la commission d'enquête, ni nous-même enfin, nous voulions éviter de désigner les personnes, afin de ne blesser aucune susceptibilité, aucun amour-propre. Pour cela, il fallait prendre les objections une à une, selon un certain ordre, et leur opposer les faits et les théories scientifiques qui doivent en démontrer la faiblesse.

Mais, parmi ces objections, il en est qui sont tellement excentriques, d'autres tellement offensantes pour le bon sens du public et le respect qu'on doit à sa bonne foi, que nous aurions craint, en ne laissant pas à chacun de nos adversaires sa part de responsabilité, de commettre des injustices, — *suum cuique.* Il y a des erreurs ou des illusions qui sont excusables, en raison des sentiments qui les ont fait naître. Il y a aussi des choses qu'on peut ignorer, alors qu'on croit les savoir ; mais il y a aussi des passions et des intérêts qui ne jouent qu'un trop grand rôle dans les actes des hommes. Pour ceux-là, nous ne sommes tenu à aucune réserve, et nous dirons la vérité en nous contentant d'observer le respect que nous devons à nous-même et à notre position (1).

(1) Un honorable avocat du barreau de Paris, qui a pris spontanément, dans une brochure, la défense du projet de la Ville, s'est montré plus sévère que nous n'avons l'intention de l'être ; nous éviterons de répéter ses paroles.

M. LE DOCTEUR JOLLY.

Réponse à M. Robinet, *rapporteur de la commission d'enquête administrative chargée d'examiner le projet de dérivation des eaux de la Dhuis sur Paris, par M. le docteur* Jolly, *membre de l'Académie impériale de médecine.*

Union médicale, *numéros des* 14, 17, 19, 26 *septembre et* 3 *octobre* 1861.

On trouvera peut-être un peu longue la réponse que nous avons cru devoir faire à la dissertation de M. le Dr Jolly ; mais on cessera d'être étonné quand on saura que M. le Dr Jolly a recueilli et reproduit presque toutes les objections que les mémoires de M. le préfet, le rapport de M. Dumas et celui de la commission d'enquête avaient laissées sur le carreau. C'est pour répondre de nouveau à ces objections que nous donnerons une aussi grande étendue à notre discussion, *à propos de la lettre de M. le Dr Jolly ;*

car nous savons que cette lettre elle-même , insérée dans un journal de médecine qui s'adresse à la classe la plus éclairée du public, n'a pas trouvé beaucoup d'approbateurs.

Nous savons qu'elle est déjà presque oubliée ; nous savons même qu'imprimée à part et offerte au public , au Palais-Royal, dans les boutiques où se débitent toutes sortes de marchandises littéraires , cette lettre ne se vend guère , ou même pas du tout.

Mais la plupart des objections reproduites par M. le Dr Jolly ont été mises en circulation par différents moyens ; de là l'utilité d'une réfutation péremptoire. Puisqu'on revient à ces objections, il faut bien que nous y revenions aussi, sans cela nous aurions l'air d'abandonner le terrain à nos adversaires, et ce n'est pas notre intention. Nous nous croyons capable d'une résistance aussi tenace que peut l'être leur opposition ; cette résistance se fonde sur la conviction où nous sommes que nous défendons les vrais intérêts de la chose publique.

Qu'il nous soit permis d'abord de relever, comme elle le mérite , une tournure de phrase qu'on retrouve vingt fois dans la philippique du Dr Jolly. A tout propos il nous dit : Vous le savez, Monsieur. — Croyez-vous donc, Monsieur ? — Il y a un calcul que vous devez connaître , Monsieur. — Vous devriez savoir, Monsieur. — Vous le savez sans doute, Monsieur. — Vous avez cru, Monsieur. — Les plus simples notions vous auraient appris, Monsieur, etc., etc.

Nous ne saurions nous méprendre sur le sens de ces locutions. Elles signifient que nous ne savons pas ce que nous aurions dû savoir, ou que nous n'avons pas pris la peine de l'apprendre ; enfin que nous avons donné dans le rapport de la commission d'enquête les preuves d'une ignorance déplorable.

Les quelques compliments qui émaillent la lettre de

notre collègue ne sont destinés qu'à faire ressortir la grossièreté de nos erreurs ; car c'est doublement tirer sur un homme que le traiter de savant au moment même où l'on démontre son peu de savoir.

Nous n'emploierons aucun artifice pour répondre aux injustes attaques de M. Jolly. Nous ne lui dirons pas qu'il s'est savamment trompé, nous lui dirons tout simplement : « Vous ne connaissiez pas la question des eaux de Paris, « quand il vous a pris la fantaisie de la traiter ; vous ne « la connaissiez même pas au point de vue médical, et vous « n'avez pas eu le temps de l'étudier ; de là une accumula- « tion singulière d'assertions hasardées et d'erreurs de tous « genres. Pour traiter des questions de cette nature, une « certaine faconde ne suffit pas. Le rapport de la commis- « sion d'enquête s'appuie, d'un bout à l'autre, sur des « faits acquis et reconnus, sur des précédents d'une haute « valeur. Pour le combattre, il fallait démontrer l'inanité « de ces faits ; ce n'est pas ainsi que vous vous y êtes pris, « et nous allons vous démontrer que les prétendues preuves « que vous apportez à l'appui de vos raisonnements ne « sont que des exagérations, des erreurs ou des assertions « antiscientifiques. »

Pour commencer, nous croyons devoir reproduire ici la courte réponse que nous avons faite à M. le Dr Jolly, dans l'estimable journal de médecine qui a donné asile à sa longue lettre ; on verra tout d'abord, dans cette réponse, avec quelle légèreté M. le Dr Jolly a traité un si grave sujet.

HYGIÈNE PUBLIQUE — QUESTION DES EAUX DE PARIS.

A. M. le docteur JOLLY,

membre de l'Académie Impériale de médecine,

PAR M. ROBINET,

ex-rapporteur de la commission d'enquête administrative chargée d'examiner le projet de dérivation des eaux de source sur Paris.

MONSIEUR ET TRÈS-HONORÉ COLLÈGUE,

Vous m'avez adressé, par l'estimable journal l'*Union médicale*, une lettre dans laquelle vous développez vos vues sur la question des eaux de Paris. Vous vous efforcez surtout de combattre les idées et les conclusions de la commission d'enquête administrative qui a été chargée de donner *un avis motivé sur l'avant-projet de dérivation des sources de la Dhuis* (1).

(1) En exécution de la loi du 7 juillet 1833 et de l'ordonnance royale du 18 février 1834, la commission d'enquête a été composée ainsi qu'il suit, par un arrêté de M. le sénateur, préfet de la Seine :

MM. Élie de Beaumont, sénateur, secrétaire perpétuel de l'Académie des sciences, président ;

Docteur Mêlier, inspecteur général des services sanitaires, vice-président de la commission des logements insalubres ;

Docteur P. Dubois, doyen de la faculté de médecine, membre du conseil général de la Seine ;

Robinet, président de l'Académie impériale de médecine ;

Henri Davillier, banquier, président de la chambre du commerce ;

Denière, président du tribunal de commerce, membre du conseil général de la Seine ;

Maes, manufacturier à Clichy, membre de la chambre du commerce et du conseil général de la Seine ;

C'est me faire beaucoup trop d'honneur que de me considérer comme le principal auteur du rapport de la commission. Moins heureux que vous, qui auriez pu prendre pour épigraphe de votre spirituelle et savante dissertation la célèbre devise : *Nec pluribus impar*, j'ai dû, au contraire, pour le *projet* de rapport, recourir aux conseils, aux instructions, aux notes de plusieurs notabilités scientifiques, administratives et médicales.

Le projet de rapport, discuté, modifié et enfin approuvé, est devenu l'œuvre de la commission d'enquête, qui, elle-même, s'est appuyée sur les spécialités et les autorités les plus compétentes.

C'est donc à tort que vous m'adressez directement la plupart de vos objections, toutes, du reste, entachées d'erreurs ou d'exagérations.

La loi ayant limité la durée de l'enquête, la commission n'existe plus depuis longtemps.

En se séparant, elle n'a donné et n'a pu donner à personne la mission de défendre son œuvre, et je ne pourrais pas entreprendre cette tâche sans assumer une responsabilité qui ne m'incombe nullement.

Tout ce que je puis me permettre en ce moment est de mettre sous les yeux des impartiaux lecteurs de l'*Union médicale* quelques passages du rapport, auxquels vous n'avez peut-être pas assez réfléchi.

Vous défendez avec chaleur l'opinion que l'eau de Seine

MM. Oufroy, manufacturier à la Glacière, membre du conseil général de la Seine ;
Arnaud-Jeanti, maire du 3ᵉ arrondissement ;
Rateau, maire du 5ᵉ arrondissement ;
Abel-Laurent, maire du 7ᵉ arrondissement ;
Baron Michel de Trétaigne, docteur en médecine, ancien médecin des hôpitaux militaires, membre du conseil de santé des armées, maire du 18ᵉ arrondissement ;
Aubert, maire du 15ᵉ arrondissement.

est préférable à toute autre, et que c'est contre toute raison qu'on prétend mettre des eaux de source à la portée des habitants de Paris.

Voici comment le rapport s'exprime à ce sujet (page 57) :

Des différentes eaux mises à la disposition de la population.

« La commission doit-elle maintenant répondre à des
« observations comme celle-ci : *Condamner deux millions*
« *d'habitants, malgré leurs répugnances, à boire des eaux*
« *crues à peine aérées?*

« On vient de démontrer que les eaux nouvelles seront
« suffisamment aérées, et les analyses prouvent qu'elles
« ne sont pas crues.

« Il n'est pas besoin de dire, d'ailleurs, que la popula-
« tion de Paris sera, comme par le passé, libre de choisir
« entre toutes les eaux qui seront mises à sa disposition.
« Chaque rue sera pourvue d'une double canalisation. Il
« y aura pour tous, riches ou pauvres, des eaux de Seine
« et des eaux de l'Ourcq.

« On aura donc à opter, pour la boisson, entre ces eaux
« plus ou moins impures et les eaux de la Dhuis, pures
« de tout mélange, puisqu'elles n'auront reçu dans leur
« course aucun égout, aucun ruisseau de ville ou d'usine.

« Nous verrons dans peu de temps à quelles eaux la po-
« pulation donnera la préférence, cette population surtout
« qui doit consommer l'eau sans aucune de ces prépara-
« tions auxquelles on peut la soumettre dans les ménages
« et dans les quartiers de luxe. »

Que pouvez-vous demander de plus?

Dans une autre partie de votre lettre, à propos du goître endémique, vous reprochez à la commission de n'avoir cherché des arguments que dans la statistique du ministère de la guerre, *statistique qui ne comprend que les hommes.*

Si vous aviez tourné le feuillet du rapport, vous auriez lu ce qui suit, page 60 :

« Ce n'est pas tout. En 1852, le ministre de l'agricul-
« ture, du commerce et des travaux publics, vivement pré-
« occupé du désir de porter remède aux conditions fâ-
« cheuses dans lesquelles vivent encore quelques popula-
« tions, a fait entreprendre une enquête sur la question
« du goître et du crétinisme.

« Cette enquête a été particulièrement très-complète
« pour le département de l'Aisne et l'arrondissement de
« Château-Thierry, dans lequel se trouve le canton de
« Condé.

« *Dans cette nouvelle enquête, on a compris les deux sexes*
« *et tous les âges.* »

Votre loyauté est trop bien établie, Monsieur et très-honoré collègue, pour qu'il soit possible d'attribuer cette omission à autre chose qu'une distraction ; mais vous me permettrez bien de vous dire qu'il faut éviter les distractions, quand on n'ignore pas que ce sont des hommes sérieux, des collègues et des confrères qui ont pris la peine d'élucider une question de cette importance.

Veuillez agréer, Monsieur et très-honoré collègue, l'expression des sentiments de haute considération avec lesquels je vous prie de me croire,

Votre tout dévoué,

ROBINET,
membre de l'Académie impériale de médecine.

P. S. Je crois que cette courte réponse suffira pour éclairer les bienveillants lecteurs de l'*Union médicale* et les mettre en garde contre une argumentation très-brillante en sa forme, mais très-faible au fond.

Du reste, je suis informé qu'il sera fait aux publications

postérieures au rapport de la commission d'enquête une réponse péremptoire et complète : elle ne laissera pas une assertion hasardée, un argument spécieux, une supposition gratuite, sans une réfutation solidement appuyée sur la science, le droit, l'expérience et les faits.

Mais cette réponse dépasserait de beaucoup l'étendue des pages que l'honorable rédacteur en chef de l'*Union médicale* pourrait mettre à notre disposition ; elle recevra une publicité spéciale et très-étendue : M. le docteur Jolly n'est pas le seul adversaire des projets de la ville de Paris. Il importe que le public, sans exceptions, soit mis à même de juger la question : il en sera ainsi.

Comme on le voit, cette lettre annonçait une réponse aussi complète qu'il nous serait possible de la faire. Telle est la tâche que nous nous sommes imposée ; nous nous efforcerons de la remplir en suivant M. le Dʳ Jolly, pas à pas, dans sa critique du rapport de la commission d'enquête.

Après avoir, par précaution oratoire, donné quelques éloges aux efforts philanthropiques de M. le préfet et du conseil municipal, M. le Dʳ Jolly entre en matière, et tout d'abord nous donne une leçon d'histoire municipale à propos des eaux de la Seine ; puis il continue ainsi :

« Mais ce qu'il faut dire tout d'abord, et ce que vous
« ne pouvez ignorer, c'est que nul, jusqu'à ce jour, n'avait
« pu encore mettre en doute la parfaite salubrité des eaux
« de la Seine. »

C'est ce que nous allons voir.

Dans la *Patrie* du 18 juin 1861, M. Delamarre s'écriait :
« Ce n'est pas seulement de nos jours que de vives récla-
« mations se sont élevées contre l'impureté des eaux dis-
« tribuées dans la capitale. »

M. Delamarre avait raison, et, pour le prouver, il cite le passage suivant d'un écrit de Mirabeau (1) :

« Maintenant, je dirai que tous les certificats du monde « ne me persuaderont pas qu'une eau dans laquelle se « versent toutes les impuretés d'une ville immense soit « plus saine que celle où il ne s'en verse point, et que le « volume diminuant, tandis que celui des immondices « reste le même, cette eau sort néanmoins toujours éga- « lement saine. Personne n'ignore, et je donne en mon « nom le démenti dû au charlatanisme, à la jonglerie et à « l'impudence, à quiconque niera que l'eau de la pompe « de Chaillot, puisée lorsque les eaux sont très-basses, ne « soit, sans comparaison, plus vite corrompue que celle « puisée ailleurs ; et quelle peut en être la cause, si ce « n'est la présence d'une plus grande quantité de matière « effervescente ? »

Dans le *Journal d'agriculture pratique* (numéro du 5 juin 1861), M. Barral rapporte une expression non moins énergique d'un autre réformateur :

« Le mot de Beaumarchais sur les habitants de Paris, « *qui boivent le soir ce qu'ils ont vidé le matin*, est toujours « vrai, quoique certains égouts aillent se déverser aujour- « d'hui à l'aval de Paris, au delà d'Asnières. »

Mirabeau s'exprimait avec cette énergie sur l'impureté des eaux de la Seine en 1785 ; mais, dès 1781, Mercier, dans son tableau de Paris, n'était guère moins explicite ; écoutez-le :

« On achète l'eau à Paris. Les fontaines publiques sont

(1) La *Patrie* fait erreur en attribuant la brochure dans laquelle se trouve ce passage à Honoré-Gabriel Riquetti, comte de Mirabeau, *futur tribun*, comme dit M. Delamarre.

La brochure est de Victor Riquetti, marquis de Mirabeau, père du précédent, un des plus zélés partisans de la doctrine des économistes dont le docteur Quesnay était alors le propagateur.

« si rares et si mal entretenues, qu'on a recours à la
« rivière ; aucune maison bourgeoise n'est pourvue d'eau
« assez abondamment. Vingt mille porteurs d'eau, du
« matin au soir, montent deux seaux pleins, depuis le
« premier jusqu'au septième étage, et quelquefois par
« delà : la voie d'eau coûte six liards ou deux sous.
« Quand le porteur d'eau est robuste, il fait environ trente
« voyages par jour.

« *Quand la rivière est trouble, on boit de l'eau trouble :*
« *on ne sait trop ce qu'on avale ; mais on boit toujours.* L'eau
« de la Seine relâche l'estomac pour quiconque n'y est pas
« accoutumé. Les étrangers ne manquent presque jamais
« l'incommodité d'une petite diarrhée ; mais ils l'évite-
« raient, s'ils avaient la précaution de mettre une cuil-
« lerée de bon vinaigre blanc dans chaque chopine
« d'eau. »

Précédemment, en 1771, Mercier avait déjà, dans son
ouvrage satirique intitulé, l'An 2440, parlé, comme d'une
chose qui ne se réaliserait jamais, *des fontaines qui, à
chaque coin de rue, lui offraient une eau pure et transparente.*
Cette ironie signifiait qu'à cette époque les fontaines
étaient rares et qu'elles ne donnaient aux habitants qu'*une
eau impure et trouble ;* ce qui ne pouvait s'adresser qu'aux
eaux de Seine, les autres eaux, descendant de Belleville ou
d'Arcueil, ayant toujours été exemptes d'impuretés et
transparentes.

Et qu'auraient donc dit, de nos jours, ces écrivains du
xviiie siècle, s'ils avaient vu la Seine recevant les égouts et
les immondices d'une ville de 1,600,000 habitants, sans
compter les innombrables usines qui n'existaient pas de
leur temps ; sans compter les 100 bateaux à lessive qui
couvrent la rivière, et la Bièvre, qui est devenue un véritable égout ? L'indignation de Beaumarchais et de Mercier
eût été terrible.

Quant aux travaux et aux publications dont les eaux de la Seine ont été l'objet de la part de **P.** Séguier, Lavoisier, Majault, de Parieux, Humboldt, etc., etc.; Parmentier (que **M.** le docteur Jolly oublie avec bien d'autres), notre honorable adversaire ne s'est pas aperçu d'une chose ; c'est que tous ces travaux avaient pour but de rassurer la population de Paris sur la qualité plus que douteuse des eaux qu'elle devait consommer bon gré mal gré ; car enfin, jusqu'aux projets récents de la Ville, on n'avait rien imaginé de mieux que de multiplier les prises d'eau de la Seine; les porter au-dessus de Paris, avant le confluent de la Marne, tel était le *nec plus ultrà* des plus ambitieux.

Dans cette situation équivoque, en présence de l'augmentation prodigieuse de la population, il fallait bien prendre son parti, et démontrer, quand même, que l'eau de la Seine était une bonne eau potable, ce qui, d'ailleurs, était vrai jusqu'à un certain point, en prenant l'eau de la Seine *en elle-même* et abstraction faite de toutes les causes d'insalubrité que lui amenaient non-seulement la population de Paris, mais encore celles des rives en amont, et celles de ses affluents (1).

Voilà dans quel esprit et dans quel but, Parmentier, Vauquelin, Thénard et tant d'autres se sont efforcés de démontrer que l'eau de Seine n'avait aucune mauvaise qualité.

Le titre même du mémoire de Parmentier ne laisse aucun doute à cet égard :

« Dissertation physique, chimique et économique sur la
« nature et la salubrité de l'eau de Seine, par M. Par-
« mentier, ancien apothicaire-major de l'hôtel royal des
« invalides (2). »

---

(1) On compte au-dessus de Paris, *sur les bords* de la Seine, de la Marne et de l'Yonne, une population qui dépasse 200,000 âmes.

(2) *Observations sur la physique*, etc. 1775. Nous avons pensé qu'on ne lirait

Voici comment débute l'auteur :

« Quoiqu'une longue et heureuse expérience prononce
« journellement et depuis des siècles en faveur de la salu-
« brité des eaux de Seine, quoique cette rivière ait l'avan-
« tage d'arroser une des plus grandes et des plus riantes
« villes de l'Europe, qu'elle fournisse à ses habitants une
« eau capable d'apaiser agréablement la soif, sans que
« l'estomac de cette multitude d'hommes éclairés qui
« occupent les premières places dans l'empire des sciences
« et des lettres soit incommodé, sans que le teint et la
« fraîcheur des plus aimables et des plus jolies femmes de
« France éprouvent la moindre altération par les usages
« sans nombre auxquels elles l'emploient, surtout en bain,
« pour entretenir la souplesse et la flexibilité de leurs
« nerfs sensibles et délicats, cependant, malgré cette
« foule de priviléges intéressants, l'eau de Seine n'a pu se
« dérober aux traits malins de la méchanceté et de la ca-
« lomnie ; peut-être ceux-mêmes qu'elle comble tous les
« jours de bienfaits, peut-être ceux qui lui sont redevables
« de leur appétit, de leur embonpoint et de leur constitu-
« tion vigoureuse, sont-ils aujourd'hui ses plus redouta-
« bles et ses plus puissants ennemis. L'ingratitude, ce vice
« malheureusement trop commun, s'exerce indistincte-
« ment sur tous les êtres, il n'épargne même pas les ali-
« ments et les boissons.

« Il est aisé de sentir que les effets invariables et con-
« stamment salutaires de l'eau de Seine étaient des titres
« suffisants pour la justifier des accusations qu'on formait
« contre elle, et pour lui conserver la réputation méritée
« dont elle jouit même chez l'étranger : vainement on a
« essayé de prévenir défavorablement sur son compte, en

pas sans intérêt quelques parties de ce curieux mémoire ; c'est ce qui nous a engagé à en reproduire plusieurs passages.

« la taxant de porter avec elle un germe de maladie qui se
« développait tôt ou tard ; vainement on s'est efforcé de
« répandre l'alarme et l'effroi dans les esprits, en nous
« présentant cette eau comme *la chose la plus vile, la plus*
« *méprisable et la plus abjecte;* la chimie, cette science scru-
« tatrice de tous les corps de la nature, la seule qui ait la
« faculté de déterminer l'espèce et la pureté des eaux, a
« toujours défendu la nôtre de ces imputations outra-
« geantes, en faisant disparaître les craintes qu'on avait
« tenté d'inspirer à ce sujet, etc.

« La limpidité et la transparence de l'eau de Seine,
« obtenues par le moyen des fontaines filtrantes, sont
« toujours aux dépens d'une partie surabondante d'air
« dont cette eau se trouve imprégnée, et qui constitue sa
« bonté, sa légèreté, son *gratter* et la supériorité qu'elle a
« sur toutes les eaux de rivière connues ; on pourrait même,
« en réitérant ces filtrations à plusieurs reprises, rendre
« l'eau de la Seine *fade, lourde et peu propre à prendre le*
« *savon;* en passant à travers les petits tuyaux que for-
« ment les grains de sable les uns vis-à-vis des autres,
« l'eau de la Seine se dépouille non-seulement du limon
« qui la rendait *tourbeuse et malpropre,* mais encore d'une
« partie de son air auquel elle doit ses qualités bienfai-
« santes ; de manière que, quoique l'usage de filtrer les
« eaux destinées à servir de boisson remonte à la plus
« haute antiquité, il n'est pas moins vrai de dire que le
« pauvre qui boit l'eau de la Seine, sans autre apprêt que
« celui de la laisser simplement déposer dans son vase de
« terre, a de meilleure eau que le riche avec toutes ses
« recherches ; mais ce n'est pas le seul exemple qu'on
« pourrait citer, pour prouver que la bonté de l'eau est
« souvent sacrifiée à la beauté, et que le malheureux jouit
« d'une manière plus certaine des bienfaits de la nature

« que l'homme opulent, qui les altère et les dénature à
« force d'artifices. Mais le goût général a prévalu ; une
« limpidité et une transparence cristalline récréent la vue
« et font plaisir, il n'y a que les buveurs d'eau et ceux à qui
« on la prescrit comme régime qui peuvent y perdre ; il
« existe un gourmet en ce genre, dont le palais est tellement
« exercé, qu'il sait distinguer au goût une eau filtrée à
« travers le sable, et la même qui ne l'a pas été ; celle-ci
« lui semble infiniment plus savoureuse et plus légère, ce
« qui provient, sans doute, de la privation d'un peu d'air,
« privation qu'on aperçoit sensiblement sous le récipient
« d'une machine pneumatique comme je l'ai observé. »

Après l'énumération de quelques propositions ayant
pour objet l'épuration des eaux de la Seine, Parmentier
continue ainsi :

« Tous ces projets sur la salubrité future de l'eau de la
« Seine sont des piéges d'autant plus dangereux, qu'on
« ne les fait jamais sans en même temps alarmer les ha-
« bitants sur leur principale boisson. Il faut espérer que le
« gouvernement, instruit du peu de succès de diverses
« entreprises de ce genre, ne permettra plus qu'on nous
« trouble dans la jouissance de notre eau toute naturelle,
« telle que la buvaient nos aïeux. »

Enfin Parmentier se résume en ces mots :

« Ainsi ce n'est donc pas à tort si les Parisiens se regar-
« dent spécialement favorisés par la nature, s'ils ne taris-
« sent pas sur les éloges de cette eau ; s'ils s'enorgueillis-
« sent du bonheur de la voir couper en deux leur enceinte,
« et s'ils soutiennent avec assurance que cette rivière est
« la plus admirable des rivières, et ses eaux les meilleures
« de toutes les eaux. Cet éloge tient un peu de l'enthou-
« siasme ; on doit le pardonner *en faveur du motif* ; il est
« naturel aux âmes sensibles et reconnaissantes de publier

« le bienfait qu'elles reçoivent tous les jours, au delà
« même de sa valeur (1). »

Nous ne doutons pas que M. le docteur Jolly sera très-
sensible au soin que nous avons pris de rapporter ces passages. Ils prouvent assurément que nous n'entendons dissimuler en rien les éloges mérités donnés à l'eau de la
Seine; mais M. Jolly conviendra bien, de son côté, que
nous n'avons pas été *le premier à douter de la parfaite
salubrité des eaux de la Seine*. Il ressort assez du mémoire
de Parmentier que, de son temps, il y a près de cent ans,
on les traitait assez mal ces pauvres eaux, puisqu'on les
qualifiait de *chose la plus vile, la plus méprisable et la plus
abjecte*.

Aussi il faut voir les efforts que fait Parmentier, dans sa
bonhomie, pour ramener les Parisiens à des idées plus
raisonnables. Nous avons mis sous les yeux du lecteur des
échantillons de ce zèle ; mais Parmentier, imitant en cela
certains avocats, qui, voulant trop prouver, finissent par
ne rien prouver du tout; Parmentier, disons-nous, se laisse
aller à des considérations et des images peu propres à
convaincre les buveurs d'eau de Seine. En voici la
preuve :

« Supposons un instant qu'un *chien pourri* soit jeté à la
« rivière, et que l'on puise de l'eau à une très-petite dis-
« tance de l'animal, comme de 3 à 4 pouces, soit
« devant, derrière ou à côté, eh bien! il est certain que
« l'eau n'en sera pas plus malsaine, par la raison des deux
« principes qui se trouvent constamment dans l'eau :
« savoir l'air tout formé et semblable à celui que nous
« respirons, et le fluide élastique qui, à la faveur du mou-

(1) Cet éloge ne serait pas complet si nous ne rappelions pas que Marcellus,
fameux à Paris sous le nom de saint Marcel ou saint Marceau, métamorphosait
en vin excellent et en baume l'eau puisée dans la Seine (Dulaure, t. I, p. 226).

« vement fait par sa combinaison avec l'eau, donne de
« nouvel air. »

Nous espérons que M. le docteur Jolly sera satisfait
de notre impartialité; il nous reste, pour en donner une
dernière preuve, à résumer en peu de mots les conclusions qu'on peut tirer de la dissertation de Parmentier.

1° Le plus sûr moyen, pour les jolies femmes, d'entretenir la fraîcheur de leur teint, la souplesse et la flexibilité de leurs nerfs sans la moindre altération, est de ne
boire que de l'eau de Seine.

2° Cette eau donne de l'appétit, de l'embonpoint et une
constitution vigoureuse.

3° Pour conserver à cette eau sa bonté, sa légèreté et
son *gratter*, il faut bien se garder de la filtrer; il faut la
boire *bourbeuse et malpropre*, comme font les pauvres gens,
sans craindre même de la puiser *soit devant*, *derrière ou à
côté d'un chien pourri jeté à la rivière.*

4° Il faut se défier de tous ces procédés qui ont la prétention de rendre plus salubre l'eau de la Seine, sous prétexte de lui donner une *transparence cristalline;* ces procédés ne sont que des piéges seulement propres à alarmer
le public, et le devoir du gouvernement est d'en faire
prompte justice, afin que nous puissions boire en paix
l'eau de la Seine *toute naturelle*, *telle que la buvaient nos
aïeux.*

Si M. le docteur Jolly, cédant à de si puissantes considérations, ne se hâte pas de briser sa fontaine filtrante et
de renoncer à l'eau des Célestins, soi-disant clarifiée et
purifiée, il ne sera pas conséquent avec lui-même. Seulement, comme l'aspect d'une eau bourbeuse et malpropre,
rappelant peut-être l'image de quelque *chien pourri* jeté à
la rivière, pourrait bien être désagréable aux convives de
M. le docteur Jolly et à lui-même, nous l'engageons à faire

servir cette *eau naturelle*, comme faisaient nos bons aïeux , tout bonnement dans un pot.

Mais nous n'avons pas fini sur la grave question de savoir si nous avons été le premier à mettre en doute la parfaite salubrité de l'eau de la Seine.

Veuillez donc, Monsieur Jolly, nous donner l'explication des efforts incessants qu'on n'a cessé de faire depuis plus de soixante ans pour *purifier* cette eau.

Par exemple , dites-nous pourquoi l'administration a successivement pris les mesures suivantes : suppression du puisage direct de l'eau dans la Seine; établissement d'un système de filtrage dans les fontaines marchandes et dans les hôpitaux; déplacement de la pompe du Gros-Caillou ; enfin, et sans parler d'une foule d'autres choses, construction coûteuse des grands égouts collecteurs.

Dites-nous dans quel but on fondait, en 1807, l'*établissement des eaux de la Seine clarifiées et purifiées par les filtres charbon;* entendez-vous bien? *clarifiées et purifiées!* Le mot est fort, n'est-il pas vrai?

Dites-nous ce que signifient les cent cinquante brevets d'invention dont nous avons la liste sous les yeux, et qui ont tous pour objet des procédés de *filtration et de purification de l'eau à boire,* principalement de l'eau de Seine?

Faut il vous en rappeler quelques-uns? Ducommun, Souchon, Fonvielle, Tard, Jaminet, Vedel, Nadault de Buffon, etc. Aujourd'hui encore, malgré l'immense amélioration apportée à la propreté du cours de la Seine, il se produit de nouveaux moyens de rendre potable cette eau dont la salubrité ne pourrait, suivant vous, être mise en doute.

Ah! Monsieur Jolly, si, au lieu du projet des eaux de la Champagne, nous avions proposé de renoncer à toute autre eau que celle de la Seine, avec quelle ardeur, avec quel succès même l'esprit d'opposition n'eût-il pas combattu et terrassé

une si étrange prétention? Représentez-vous quel parti des
écrivains aussi ingénieux que malins auraient tiré des
effroyables peintures qu'ils auraient pu faire « de cette
« eau, réceptacle des immondices, des déjections, des
« résidus, tous plus dégoûtants les uns que les autres,
« qu'une population de 2 millions d'hommes verse sans
« cesse sur la voie publique et dans les égouts ; sans
« compter 100,000 chevaux et je ne sais combien de bœufs,
« de vaches et de moutons qui viennent, chaque jour,
« verser sur le pavé de Paris leurs urines et même leur
« sang (1) !

« Voyez-vous les 3,000 bornes-fontaines lavant la rue
« et entraînant à la Seine ce que la pelle paresseuse
« et négligente du *boueur* n'a pas enlevé ! Voyez-vous cette
« horrible profanation d'une administration sans pudeur,
« qui permet l'écoulement, dans la Seine, du plus abject,
« du plus infect des liquides, qu'au moins autrefois des
« tonneaux mastiqués portaient à Montfaucon ou à
« Bondy ! Enfin, comme si toutes ces profanations n'avaient
« pas mis déjà le comble à l'insulte faite au noble fleuve,
« qui devait nous offrir une eau limpide et salutaire, on
« va le convertir, ce fleuve glorieux, en un misérable
« étang, recélant la fièvre et peut-être la peste, par les
« onze barrages, ou plutôt les onze prisons dans lesquelles
« on va contenir ses libres eaux, sous prétexte de naviga-
« tion et de canalisation (2) ! »

Au lieu de chercher dans Parmentier des arguments en
faveur de leur thèse actuelle, nos redoutables adversaires
n'auraient pas manqué de nous présenter sous les aspects

---

(1) En pareil cas, on arrondit toujours les nombres, et 1,600,000 âmes deviennent 2 millions ; 60,000 chevaux peuvent bien compter pour 100,000,
2,100 bornes-fontaines pour 3,000, etc., etc.

(2) On sait que les ponts et chaussées ont déjà commencé, en amont de Paris,
onze barrages destinés à rendre la Seine navigable en toute saison et, par conséquent, à assurer l'approvisionnement de Paris à de meilleures conditions.

les plus hideux ce *chien pourri* de 1775, et ils auraient eu beau jeu, car nous croyons savoir qu'avant la funeste loi sur l'impôt des chiens il n'y avait pas à Paris, par an, moins de 10 à 12,000 de ces pauvres animaux sacrifiés à l'avarice de ceux qui ne voulaient plus les nourrir. La police se croyait obligée aussi à considérer tout chien errant comme suspect d'hydrophobie, ce qui était, sans doute, une raison de plus pour elle de les jeter à l'eau.

Tel est, Monsieur Jolly, fort abrégé et décoloré, le langage que nos philanthropiques adversaires n'auraient pas manqué de trouver dans leur imagination indignée, si nous avions imprudemment donné une préférence exclusive aux seules eaux de la Seine.

Poursuivant ses éloges à tous les points de vue, M. le docteur Jolly nous montre l'eau de la Seine *toujours bien aérée et parfaitement oxygénée, contenant toujours des principes en dissolution et en suspension dans des proportions presque invariables.......*

En vérité, M. le docteur Jolly n'est pas heureux dans le choix de ses arguments. M. Poggiale, chimiste aussi savant que consciencieux, est probablement le seul qui ait entrepris un travail complet sur la *composition de l'eau de Seine à diverses époques de l'année.* Voici comment il conclut au sujet de la prétendue *constance d'oxygénation* de cette eau :

« En examinant attentivement ce tableau, on voit

« 1° Que la proportion des gaz, et particulièrement celle « de l'air, est susceptible de grandes variations ;

« 2° Que la quantité d'air et d'acide carbonique est plus « considérable en hiver qu'en été ;

« 3° Que l'eau est moins riche en oxygène en été qu'en « hiver, etc., etc. »

M. Poggiale a trouvé que la proportion d'oxygène variait de 5 à 12 centimètres cubes par litre d'eau, c'est-à-dire qu'il y a parfois dans l'eau de la Seine près de trois fois plus d'oxygène que dans d'autres circonstances.

Voilà pour la *constance d'oxygénation.*

Pour la *constance des principes tenus en dissolution,* M. Poggiale, après avoir fait remarquer les différences considérables qu'on voit dans les résultats obtenus par divers chimistes, arrive lui-même à ces conclusions :

« 1° Que la proportion des matières solubles contenues
« dans l'eau de Seine atteint généralement son maximum,
« lorsque la hauteur de la rivière est entre 2 et 3 mètres,
« et qu'elle décroît au-dessus et au-dessous ;

« 2° Que le maximum des principes fixes a été, pour
« 1 litre d'eau, de 277 milligrammes et le minimum de
« 190 ;

« 3° Que, d'une manière générale, l'eau de Seine est
« plus chargée de substances solubles en été qu'en
« hiver, etc. »

Voilà pour la *constance des matières* dissoutes dans l'eau de Seine.

Restent les matières simplement tenues en suspension, dont M. le D' Jolly assure que *la proportion est presque invariable.* Or M. Poggiale a démontré que la quantité de ces matières, qui sont la cause du trouble de l'eau, variait de 7 milligrammes à 118 milligrammes. *Quelle invariabilité!* Comment en serait-il autrement, puisqu'il résulte, des tableaux dressés avec le plus grand soin par le service hydraulique, que la Seine, à Montereau, par conséquent au-dessus du confluent de la Marne, présente en moyenne, par an, 68 jours d'eau trouble et 111 jours d'eau louche ; soit 179 jours par an, pendant lesquels l'eau a cessé d'être d'une limpidité supportable. Que serait-ce si l'on avait fait les observations au-dessous du confluent de la Marne, c'est-à-dire sur l'eau qui, en définitive, passe dans Paris ?

M. le docteur Jolly continue ainsi ses apostrophes :

« Maintenant, que lui reprochez-vous donc, Monsieur,
« pour la répudier avec tant de dédain, pour la con-
« damner, sans pitié, à nettoyer les rues et les égouts de
« Paris, pour prix de tous ses bienfaits et de ses services
« séculaires ; et cela, après l'avoir déjà *flanquée d'aqueducs*
« *latéraux* qui devaient, à tout jamais, lui garantir sa par-
« faite pureté et toutes ses qualités hygiéniques ? »

Il nous semble que ce qui précède prouve suffisamment
que nous aurions bien quelques raisons pour préférer des
eaux de source, à l'eau équivoque de la Seine, pour la
boisson des Parisiens, et en cela nous ne serions peut-
être pas seul de cet avis. Il nous serait facile d'opposer de
nombreuses accusations aux éloges de M. le docteur Jolly.
Pour le moment nous nous contenterons de quelques
phrases extraites de la correspondance qui s'est engagée, à
cette occasion, entre nos amis et nous.

Un honorable correspondant de l'Institut s'exprime
ainsi : « Je ne puis comprendre comment on préfère des
« eaux de rivière et surtout les eaux de la Seine à des
« eaux de source. Cela ne peut tenir qu'aux préjugés de
« quelques vieux Parisiens qui pensent que l'eau filtrée
« est de l'eau pure, et qui comptent pour rien les matières
« solubles et les produits organiques en dissolution. J'ai
« entendu souvent soutenir cette thèse ridicule quand
« j'habitais Paris. Nous serions bien malheureux à ***, si
« nous étions obligés d'abandonner nos eaux pures et
« froides pour celles du plus beau fleuve du monde. »

Monsieur Jolly, c'est un membre de l'Institut qui s'exprime
ainsi. Maintenant, voilà en quels termes s'explique un ancien notaire de Paris, aussi distingué par son savoir que
par les services qu'il a rendus à la chose publique : « Je
« suis, du reste, pénétré de l'importance de la question
« que vous êtes chargé d'élucider. Elle donne lieu, depuis
« quelque temps, à de vives controverses, et il est à dé-

« sirer qu'une eau limpide et pure soit substituée enfin à
« cette eau malsaine, qui empoisonne l'habitant de Paris. »

Arrêtons-nous à cela, qui nous paraît même déjà trop
sévère ; mais nous avertissons M. le docteur Jolly que
nous le ménageons beaucoup en ce moment. Qu'il nous
permette seulement de lui faire remarquer l'étrangeté de
l'expression qu'il applique au double égout collecteur, que
la Ville fait exécuter à grands frais, pour éviter aux Parisiens le désagrément de voir leur rivière convertie en égout.

Dire qu'on a *flanqué la Seine d'aqueducs latéraux*, cela
ressemble beaucoup à un blâme. Est-ce que, par hasard,
M. le docteur Jolly serait du nombre de ces antiquaires
impitoyables qui regrettent leur bon vieux Paris, avec la
rue Jean-Bon, la rue Vide-Gousset, la rue Trousse-Vache,
l'arche Marion et même avec ces singulières dépendances
de l'Hôtel-Dieu, qu'on voyait autrefois suspendues au-
dessus de l'eau, entre le pont Saint-Charles et le Pont-aux-
Choux? Soyons Parisiens et même vieux Parisiens, soit ;
mais n'oublions pas qu'une jeune génération de Parisiens
a d'autres goûts et d'autres passions que les nôtres.

Nous craindrions vraiment d'abuser de la patience du
lecteur, si nous relevions, une à une, toutes les singularités
qui échappent à M. le docteur Jolly, dans son empressement à blâmer, quand même, tantôt les projets de la ville
de Paris, tantôt le rapport de la commission d'enquête.

Par exemple, quand il nous dit : *Vous voulez, d'ailleurs,
des eaux plus abondantes que celles de la Seine?* Où donc
avons-nous dit que les eaux de la Seine n'étaient pas *assez
abondantes?* Ce n'est pas, assurément, dans la rivière
qu'elles nous manqueront jamais ; ce serait tout au plus
dans les *réservoirs* de cette eau ; mais nous ne sommes pas
plus embarrassé pour répondre à cela qu'à cette autre fantaisie de l'auteur : « Vous les voulez surtout (les eaux) plus
« limpides, plus pures, plus froides que celles qui abreu-

« vent maintenant la population de Paris, et, pour cela,
« *vous les mettez tout simplement à la réforme.* »

A lire ce passage de la dissertation de M. le docteur
Jolly, on pourrait croire vraiment que l'administration
parisienne a l'intention de supprimer la rivière et de renoncer à tout puisement et à toute distribution d'eau de
Seine. Comme M. Jolly revient plusieurs fois avec complaisance sur cette idée, il ne nous paraît pas inutile de le rassurer à cet égard et, avec lui, tous ceux qui pourraient être
séduits par l'autorité qui s'attache aux assertions d'un
homme qui prétend parler au nom du grand intérêt de la
santé publique.

Or voici ce qui a été fait depuis quelques années, non
pas pour *diminuer* la masse d'eau de Seine distribuée dans
Paris, mais bien, au contraire, pour l'*augmenter* et améliorer la qualité de cette eau.

Nous avons déjà parlé de l'établissement du filtrage de
l'eau de Seine ; ce filtrage fonctionne depuis plus de vingt
ans (1838) dans 13 fontaines publiques dites *marchandes*.
Là tout le monde peut avoir de l'eau de Seine clarifiée au
prix modique de 2 centimes la voie ou 20 litres (1).

On n'a pas établi un plus grand nombre de ces filtres,
parce que, d'une part, le succès du procédé était douteux;
parce que les autres fontaines publiques, au nombre de 37,
sans compter les 27 fontaines monumentales, ne se prê-
taient pas à son établissement et, d'autre part, en raison
du projet déjà ancien de dériver sur Paris des eaux qui
pourront être consommées immédiatement, *sans aucun
filtrage, sans aucune préparation.*

Les machines du Gros-Caillou, commencées en 1786,
offraient le grave inconvénient de puiser leur eau dans un

(1) 9 centimes l'hectolitre ou 90 centimes le mètre cube. La compagnie des
Célestins vend l'eau filtrée 10 centimes la voie de 20 litres, soit 50 centimes l'hectolitre et 5 francs le mètre cube.

courant auquel se mêlaient, bon gré mal gré, les eaux du grand égout descendant de Montrouge, dit l'*égout de Bourgogne,* et celles de l'égout dit *des Invalides,* qui conduit à la Seine tout ce qui vient de l'abattoir de Grenelle et surtout (c'est pénible à dire) tout ce qui sort de l'hôtel impérial des Invalides, malgré les incessantes et pressantes réclamations de toutes les administrations municipales.

En 1858, on a remédié à ce grave inconvénient, sans attendre les récriminations des philanthropes de la banlieue. On a supprimé la machine du Gros-Caillou, et on a établi au quai d'Austerlitz une machine élevant et distribuant, par 24 heures, 8,500 mètres cubes d'eau de Seine, aussi pure que possible, puisée sur la rive gauche au-dessus de la Bièvre et *de tous les égouts* de Paris. Les anciennes machines du Gros-Caillou n'élevaient que 1,300 mètres cubes d'eau plus que suspecte. Avant cette époque, la Ville avait fait édifier, pour le service particulier de l'hospice de la Salpêtrière, qui forme une population de 5,000 âmes, une petite machine à vapeur qui donne également de l'eau très-salubre.

Tout le monde connaît les machines de Chaillot. Dans l'origine, elles ne pouvaient élever chacune que 4,322 mètres cubes d'eau et ensemble environ 8,600 mètres cubes.

Aujourd'hui les deux machines nouvelles élèvent ensemble 38,000 mètres cubes d'eau, c'est-à-dire quatre fois plus.

La Ville a repris, en outre de l'ancienne compagnie des eaux de la banlieue,

1° Trois machines établies à Maisons-Alfort, donnant ensemble environ 6,400 mètres cubes;

2° Deux machines établies à Port-à-l'Anglais, donnant 6,000 mètres;

3° Les trois machines d'Auteuil, donnant ensemble 4,100 mètres;

4° La machine de Clichy, donnant 1,500 mètres cubes ;

5° Les trois machines de Saint-Ouen, donnant 4,300 mètres cubes ;

6° L'établissement de Neuilly, qui monte 4,700 mètres cubes.

Toutes les machines à vapeur de Paris pourraient donc monter ensemble 75,000 mètres cubes d'eau de Seine ; mais il est évident qu'en pratique on ne peut compter sur ce volume.

Dans l'ancien Paris, on ne peut faire marcher régulièrement, à la fois, que l'une des deux grosses machines de Chaillot et les deux machines du quai d'Austerlitz, ce qui donne 29,000 mètres cubes.

Dans la zone annexée, on fait marcher ensemble les machines n° 1 de Maisons-Alfort, Neuilly, Saint-Ouen et une des machines de Port-à-l'Anglais, ce qui donne 13,000 mètres cubes.

Le total du service ordinaire est donc de 42,000 mètres cubes en eau de Seine.

On peut, sans doute, dans des moments de presse, augmenter notablement ce volume ; mais il ne serait pas prudent de mettre en feu, d'une manière continue, un plus grand nombre des machines dont on dispose actuellement.

Ainsi donc, pour l'ancien Paris seulement, la quantité d'eau de Seine mise à la disposition de la population était, autrefois, de 5,600 en temps ordinaire, ou de 9,000 mètres cubes environ en service extraordinaire.

Aujourd'hui cette quantité est de 30,000 mètres en service ordinaire, et 48,000 mètres en service extraordinaire. Le service a été plus que *quintuplé*.

Voilà pour le passé. L'avenir ne répond pas moins victorieusement à l'injuste accusation de notre adversaire.

La Ville va faire établir sur le quai d'Austerlitz deux nouvelles machines de 90 chevaux utiles, chacune, refoulant l'eau sur les réservoirs nouveaux qu'on vient de construire à Charonne et à Gentilly.

Le conseil municipal a déjà approuvé la soumission de M. Farcot, constructeur, montant à 350,000 fr. (arrêté préfectoral du 8 août 1861), et voté un crédit de 250,000 fr. pour poser la conduite de refoulement de la rive droite. MM. les ingénieurs ont présenté, à la date du 8 novembre 1861, le projet de la conduite de refoulement de la rive gauche, évaluée à 360,000 francs ; il reste à voter les fonds nécessaires pour établir les bâtiments, les prises d'eau, etc.

L'ensemble de l'établissement coûtera 1,220,000 francs.

Ces deux nouvelles machines pourront monter chacune 11,000 mètres cubes d'eau. On pourrait, à la rigueur, les faire marcher ensemble ; mais cela ne constituerait pas un service régulier.

Ainsi donc, l'administration municipale, bien loin *de mettre à la réforme l'eau de la Seine* et malgré ses vues et ses projets sur des eaux de source qu'elle croit préférables, n'a pas cessé d'améliorer et d'augmenter le service en eau de Seine, et s'occupait, au moment même où l'on se récriait sur l'abandon de la Seine, de la construction de nouvelles machines destinées à élever d'importantes quantités de cette eau.

Ce serait, d'ailleurs, une grande erreur que de voir une sorte de contradiction ou d'inconséquence dans cette manière d'agir. L'administration municipale croit qu'une ville comme Paris doit pouvoir disposer de plusieurs espèces d'eau, prises ou amenées de différents lieux, par différents systèmes et par des canaux distincts.

On ne peut pas exposer une population de 1,600,000 âmes à une pénurie d'eau ou, même, à la privation momentanée des jouissances et des facilités que donne une abondante distribution d'eau.

Il faut que les ressources soient immenses, multiples, variées, indépendantes et cependant susceptibles de se suppléer.

Il faut que l'eau de rivière puisse remplacer l'eau du canal ou celle des sources; que les eaux des sources, du canal et des puits artésiens puissent, au besoin, remplacer les eaux de rivière.

Dans l'état régulier du service, chaque eau aura la destination la mieux appropriée à sa nature.

Les eaux de source, fraîches en été, tempérées en hiver, toujours parfaitement limpides, serviront surtout à la boisson, sauf le goût des consommateurs, qui auront la faculté de choisir entre toutes les eaux.

Les eaux du canal et celles de la Seine, chaudes pendant une partie de l'été, glaciales en hiver, souvent troubles, seront consacrées principalement aux fontaines monumentales, aux bouches d'incendie, aux bornes-fontaines.

Enfin les eaux des puits artésiens, excellentes pour les bains, les lavoirs et les machines à vapeur, seront dirigées sur les établissements qui emploient l'eau échauffée ou la vapeur. Ce serait une barbarie que de leur faire perdre les 25 à 28 degrés qu'elles apportent du sein de la terre pour les consacrer à la boisson ou au lavage de la voie publique et des égouts.

Telles sont les vues de l'édilité parisienne.

C'est là ce que M. le docteur Jolly appelle *la mise à la réforme des eaux de la Seine.*

M. le docteur Jolly, ne nous faisant grâce de rien, nous reproche avec vivacité d'avoir dit, dans le terrible rapport de la commission d'enquête, « que, si les eaux de la Seine « ont pu mériter la juste confiance des anciens habi- « tants de Paris, elles ne peuvent plus être dignes de la « nôtre ! »

Et surtout de nous être demandé *quelle est aujourd'hui la nature des eaux qui conviennent à Paris.*

N'en déplaise à M. le docteur Jolly, nous ne voyons rien que de fort simple dans cette question.

Nous ignorons si M. Jolly habitait Paris il y a cinquante ans ; mais s'il ne l'habitait pas, afin de traiter avec sagacité la question des eaux, il a dû étudier cette question et faire des recherches.

Il aura appris, alors, qu'à l'époque, déjà très-ancienne, où les nouvelles habitations de Paris s'éloignaient de plus en plus de la rive du fleuve, les habitants durent avoir recours aux puits pour avoir à leur portée l'eau qui leur était indispensable. De là de très-nombreuses ordonnances des rois et prévôts des marchands sur la police des puits, lesquelles prouvent qu'à une certaine époque on buvait tout simplement l'eau des puits.

Mais alors cette question, que M. Jolly trouve étrange aujourd'hui, fut posée très-sérieusement, et l'on eut l'idée de faire arriver à Paris les eaux de Belleville et du Pré Saint-Gervais (vers 1220) et d'Arcueil (1624). On établit aussi sur la Seine la machine dite la Samaritaine (1605) et celle du pont Notre-Dame (1671). En donnant aux Parisiens des eaux de source qu'on croyait meilleures que les eaux de puits, et qui l'étaient en effet, parce qu'elles étaient exemptes de toutes infiltrations ; en donnant de l'eau de Seine malgré la fréquence des jours de trouble, on croyait rendre service à la population ; on trouvait que les eaux de puits *n'étaient plus dignes* d'elle.

Plus tard, le progrès marchant toujours, l'eau de la Seine, à son tour, prise purement et simplement dans le courant et surtout sur les bords fangeux du fleuve, ne parut plus digne des Parisiens. On interdit le puisage direct par les porteurs d'eau à la bretelle ; on imagina toutes sortes

de moyens de clarification et de purification ; on multiplia
les réservoirs, afin que l'eau pût déposer son limon avant
d'être livrée à la consommation ; enfin on eut recours au
filtrage public et aux autres améliorations dont il a été
question plus haut.

Peut-on conclure de toutes ces améliorations qu'il ne
reste rien à faire et que l'eau de la Seine est désormais
parfaitement digne de la population de Paris pour laquelle
et autour de laquelle il s'est fait de si immenses progrès?

D'abord M. le docteur Jolly oublie une chose qui est
pourtant assez simple. La population du Paris ancien était
de 600,000 âmes environ il y a cinquante ans ; elle a tout
simplement doublé.

Il en résulte évidemment que les causes d'altération ont
aussi doublé pour le fleuve qui traverse la ville ; quand
nous disons *doublé,* nous sommes fort au-dessous de la
vérité. En effet, l'industrie, qui a une si grande part à la
production de déchets liquides de toutes natures, a reçu, à
Paris, des développements immenses. Mais il est une autre
cause d'altération pour le fleuve, bien autrement importante.

Avant l'établissement du canal de l'Ourcq et des bornes-
fontaines qui en ont été la conséquence, les rues de Paris
ne recevaient, si ce n'est en temps de pluie, d'autres eaux
que les eaux ménagères ; les rues, les ruisseaux, les égouts
n'étaient jamais lavés. Le débit des égouts vers le fleuve
était insignifiant, et la plus grande partie de ce qui était
répandu ou épanché sur la voie publique était enlevée ou
bien y restait et se trouvait plus ou moins absorbée par le
sol. L'absence et l'imperfection du pavage étaient aussi des
causes puissantes d'absorption par le sol des déchets de
toute nature liquides ou délayés dans les liquides.

Le perfectionnement du pavage et l'établissement des
bornes-fontaines ont amené un changement radical dans
l'ancien état de choses. Aujourd'hui rien ou presque rien

n'est absorbé par le sol ; tout ce qui n'est pas enlevé par le nettoyage du matin est entraîné par l'eau des bornes-fontaines, et il suffit d'avoir observé une fois la Seine au moment où s'opère le lavage des ruisseaux et des égouts, pour se faire une idée de l'immense quantité d'impuretés qui vont se répandre deux fois par jour dans le courant du fleuve. Cet écoulement est même presque continu par suite de la faculté qu'ont les cantonniers d'ouvrir à volonté les bornes-fontaines pour laver les ruisseaux et de la grande quantité d'eau qui se répand de tous côtés par les concessions particulières, les lavoirs, les bains et les usines de tous genres.

Une grande partie des égouts principaux se dirigeaient vers l'égout de ceinture, dont les eaux se déversaient à Chaillot, au-dessous de Paris. L'égout de ceinture étant devenu insuffisant, il a fallu conduire à la Seine, au beau milieu de Paris, un grand nombre des égouts qu'il recevait. De tout ceci il est résulté, entre autres inconvénients, que les bains dans l'eau courante, au centre et au-dessous de Paris, sont devenus presque impossibles, tant l'eau du fleuve a un aspect dégoûtant.

A la vérité, on remédie en partie au mal par la construction des égouts collecteurs ; mais, en temps de grande pluie, tous ces collecteurs déverseront leur trop-plein directement dans la Seine, qui, alors, ne sera pas plus propre que par le passé.

Voilà, Monsieur Jolly, une partie, une faible partie des considérations qui nous ont fait dire que l'eau de la Seine *n'est plus guère digne des Parisiens*, surtout lorsqu'ils ont appris qu'ils peuvent avoir infiniment mieux, c'est-à-dire une eau toujours limpide, fraîche en été, tempérée en hiver, qu'ils pourront puiser aux fontaines publiques de Paris et boire sans aucune préparation.

Nous avons ici des excuses à faire à M. le Dr Jolly. Quel que soit notre désir de démontrer l'importance de ses objections, par le soin et l'insistance avec lesquels nous les réfutons une à une, nous nous trouvons parfois dans la nécessité, pour éviter des répétitions, de réunir plusieurs passages de sa lettre, pour réduire d'un seul coup à leur juste valeur les objections ou les exagérations qu'ils contiennent. Par exemple, voici ce qu'il nous reproche à propos du projet de dérivation de la Dhuis :

« — Vous vous adresserez d'abord à une source moins « éloignée, à la Dhuis, qui n'a peut-être pas toutes *les* « *qualités chimiques et hygiéniques* que vous désiriez, et qui, « jusqu'à présent, *n'avait guère servi qu'à faire tourner des* « *moulins* à farine et à remplir d'autres usages plus in- « fimes, mais qui aura du moins, sur d'autres, l'avantage « d'une altitude de 81^m,75 au-dessus de l'étiage de la « Seine; ce qui leur permettra d'arriver facilement jusque « sur les hauteurs de Belleville et de Montmartre..., etc.

« — Quoi qu'il en soit, Monsieur, c'est pour doter la ca- « pitale d'eaux de source que vous avez jugé nécessaire « d'aller les puiser dans les régions crétacées de la Cham- « pagne, dans la Dhuis d'abord, *là où personne n'avait* « *songé à en prendre...*, etc.

« — Mais, avant d'aborder avec vous cette grave ques- « tion, je voudrais du moins vous demander s'il était bien « nécessaire de vous livrer à de si *laborieuses élucubrations* « et d'aller chercher si loin de Paris des eaux abondantes, « claires, pures et fraîches. »

Que de choses admirablement bien raisonnées et démontrées dans ce peu de lignes !

Et, d'abord, peut-on faire, aux magistrats chargés d'aviser aux moyens de donner à une ville de 1,600,000 âmes l'eau qui lui manque, une objection plus ridicule que celle-ci : *d'aller chercher cette eau là où personne n'avait songé à en prendre?*

Puis, a-t-on jamais rien imaginé de plus divertissant

que le reproche fait à l'eau d'une source : *de n'avoir jamais servi qu'à faire tourner des moulins à farine ?*

Mais après le comique vient le sérieux : *la Dhuis n'a peut-être pas toutes les qualités chimiques et hygiéniques que nous désirions.*

Ce *peut-être* est d'une perfidie rare, et *peut-être* ne parviendrons-nous pas à écarter le coup qu'il lance à l'eau de la Dhuis. Essayons cependant.

Commençons par les qualités chimiques.

Un voyageur des plus étrangers à la science hydrologique, que le hasard conduirait à la source de la Dhuis et qui verrait s'échapper du rocher une eau douée de la limpidité du cristal le plus pur et de la fraîcheur la plus délicieuse, s'empresserait de se désaltérer dans cette eau séduisante.

Il serait charmé par cette saveur indéfinissable, qui n'en est pas une ; qui n'est ni la sapidité ni la fadeur ; qu'on ne peut décrire que par cette expression vague, *légèreté ;* par cette qualité fugitive, enfin, qu'apprécient tant les buveurs d'eau.

Puis, apprenant que cette eau cuit parfaitement les légumes de la meunière ; qu'elle n'est pas moins bonne pour le lavage du linge, ce qu'atteste le lavoir, dont le vieux toit de chaume unit son pittoresque aspect à celui de l'antique moulin ; ce voyageur, disons-nous, en présence de ces modestes témoignages, n'hésiterait pas à inscrire sur ses tablettes : qu'il a eu l'agréable surprise de trouver, non loin du hameau de Pargny, une source pure et salutaire, dans l'onde de laquelle il s'est désaltéré avec délices.

Il ne s'inquiéterait guère des minutieuses analyses des chimistes ni des savantes dissertations des géologues.

La meunière est avenante et fraîche ; ses enfants sont joufflus, plus bruns que roses, et d'une turbulence qui annonce la santé et la force. Point de ces mines blafardes ou d'un rose pâle, qui alarment l'œil exercé et défiant du médecin.

L'eau est si transparente, qu'on voit, au fond, les plus petits grains de sable qu'agite le courant. Elle s'avance limpide jusqu'à la roue du moulin ; celle-ci, en l'agitant avec force, ne fait dégager aucune odeur de marécage ; l'eau bouillonne ; mais sa blanche écume s'apaise aussitôt ; on ne la voit point se traîner au loin, à la surface de l'eau, comme dans ces ruisseaux qui roulent des eaux impures ; enfin, ni à la source ni sur les bords du ruisseau, on ne voit la moindre trace de dépôt : point de vase, point de ces animaux immondes qui se plaisent dans les eaux stagnantes ou troubles.

En faudrait-il davantage à une personne sans prévention, pour être convaincue que la source de la Dhuis donne une eau irréprochable?

Mais il ne s'agit pas ici d'hommes sans préjugés et impartiaux ; nous avons affaire à des adversaires qui voient tout à travers les lunettes de la passion ou d'une opposition systématique. Pour eux, il faut des preuves chimiques, physiques, géologiques ; sans compter les démonstrations hygiéniques, physiologiques, pathologiques et même psychologiques !

Voyons si nous pourrons satisfaire des gens si difficiles.

On doit à deux chimistes, aussi ingénieux que savants, un moyen d'apprécier les qualités des eaux potables, que j'appellerais volontiers l'*art de l'hydrotimétrie*, tant je trouve le procédé élégant, prompt et sûr. Pour l'exécuter, il suffit de quelques-unes de ces connaissances en chimie et en physique que tout homme bien élevé a puisées au collége ; un peu d'expérience ou les conseils d'une personne déjà exercée (1).

Les qualités de l'eau potable s'estiment par degrés, comme la chaleur ou l'humidité de l'air.

(1) *Nouvelle méthode pour déterminer les proportions des matières en dissolution dans les eaux de source et de rivière*, par MM. Boutron et F. Boudet.

L'eau distillée, qui est l'eau pure, marque 0 à l'échelle hydrotimétrique.

Les bonnes eaux potables marquent de 7 à 20 et même 25 degrés ; telles sont la plupart des eaux de source et de rivière.

Les eaux de puits marquent de 20 à 50 et même 100 degrés et plus ; mais ce qui les caractérise surtout, c'est la propriété de réduire le savon en grumeaux, de le coaguler. Comme on sait, beaucoup de ces eaux sont plus ou moins impropres à servir de boisson ; quelquefois même elles ne peuvent pas être bues du tout, et ne sont utilisées que pour l'arrosage ou l'entretien de la propreté du sol.

Le tableau qui suit fait connaître les degrés hydrotimétriques des eaux principales que les Parisiens ont à leur disposition, soit dans l'intérieur de la ville, soit dans quelques-unes des campagnes environnantes. Nous avons cru qu'il serait intéressant d'y joindre le même renseignement pour quelques eaux connues :

	Degrés à l'hydrotimètre.
Eau distillée.	0
Loire.	7
Puits artésien de Grenelle.	9,50
Seine.	18 à 21
Marne.	19
Dhuis.	23
Ourcq.	31
Chaville.	36
Garches.	36
Arcueil.	37
Ville-d'Avray.	50
Val Fleury.	50
Meudon.	52
Montretout.	60
Prés Saint-Gervais.	76
Puits de Paris (environ).	130
Belleville.	155

Comme on peut le voir par ce tableau, les eaux de la

Dhuis tiennent un rang des plus honorables parmi les eaux potables par excellence ; elles passent avant des eaux qui sont bues, aux environs de Paris, depuis un temps immémorial, sans que jamais la moindre plainte se soit élevée à leur égard.

Il en est une surtout, l'eau de Ville-d'Avray, dont la réputation était telle autrefois, que les rois de France se faisaient apporter de cette eau partout où ils établissaient leur résidence; de là le nom de Fontaine-du-Roi donné à la source de Ville-d'Avray. La duchesse d'Angoulême avait conservé cette habitude de famille, et n'a bu que de l'eau de Ville-d'Avray jusqu'au moment où elle a quitté la France.

Or, non-seulement l'eau de Ville-d'Avray est loin d'égaler l'eau de la Dhuis au point de vue du degré hydrotimétrique, mais encore elle coagule le savon ; elle contient du sulfate de chaux en proportion très-notable, tandis que l'eau de la Dhuis en contient si peu, qu'il est à peine possible de doser ce sel calcaire.

Mais nous sommes en mesure de présenter une démonstration plus puissante encore des qualités chimiques de l'eau de la Dhuis : c'est une analyse minutieuse, toute récente, exécutée par M. le Dr Poggiale, membre de l'Académie impériale de médecine et du conseil de santé des armées. Laissons parler M. le Dr Poggiale lui-même.

ANALYSE CHIMIQUE DES EAUX DE LA DHUIS.

« L'eau de la Dhuis, que j'ai puisée moi-même à la
« source, est légèrement opaline; mais, par le repos, elle
« devient limpide et incolore. Elle laisse déposer une
« petite quantité de sable très-fin, qui est composé d'acide
« silicique, d'alumine et d'oxyde de fer. Elle a une saveur
« agréable, fraîche et pénétrante. La température, prise à
« la source même le 7 septembre 1861, est de 13°.

« Cette eau dissout bien le savon, bleuit légèrement le
« papier rouge de tournesol, se trouble par l'ébullition et
« laisse dégager de l'air et beaucoup d'acide carbonique;
« elle donne, avec l'eau de chaux, un précipité blanc de
« carbonate de chaux et de magnésie. L'azotate d'argent et
« surtout le chlorure de barium ne produisent, dans
« cette eau préalablement acidulée, qu'un léger précipité
« blanc.

« On a déterminé, à l'aide de l'hydrotimètre, le degré
« de l'eau de la Dhuis, et voici les résultats que l'on a
« obtenus :

« Eau de la Dhuis,	source de la rive gauche. . .	23°,50
« —	source de la rive droite. . . .	24°,33
« —	source du centre.	24°,00
« —	mélange des trois sources. . .	24°,00

ANALYSE QUANTITATIVE.

« *Principes fixes.* — On a dosé les principes fixes, en
« faisant évaporer au bain-marie et avec les précautions
« convenables 4 kilog. d'eau, et en desséchant le résidu
« dans une étuve à la température de 130°.

« La moyenne de trois opérations a donné, pour
« 1,000 grammes, 0^{gr},293 de principes fixes. Ce résidu
« est parfaitement blanc; il ne se colore point et ne dégage
« aucune vapeur désagréable, quand on élève graduelle-
« ment la température jusqu'au rouge.

« *Air atmosphérique et à acide carbonique.* — On a intro-
« duit 2,280 centimètres cubes d'eau de la Dhuis dans un
« ballon auquel on a adapté, au moyen d'un bon bouchon
« troué, un tube recourbé rempli d'eau et propre à con-
« duire les gaz dans une éprouvette graduée pleine de
« mercure et contenant 12 ou 15 grammes d'huile pure.
« On a fixé le bouchon avec un fil de fer; on l'a recouvert

« ensuite de mastic de fontainier et de bandes de papier,
« et enfin le tout a été maintenu à l'aide d'une peau solide-
« ment fixée. On a dû faire bouillir l'eau pendant plus de
« deux heures pour expulser tout le gaz, et encore n'est-
« on pas parvenu à séparer par ce procédé la moitié de
« l'acide carbonique des bicarbonates. On a ramené, par
« le calcul, le volume de ce gaz à la température de 0° et
« à la pression de $0^m,760$, et l'on a trouvé, par les procé-
« dés ordinaires, pour 1,000 centimètres cubes d'eau,
« $49^{cc},24$, composés de $29^{cc},46$ d'acide carbonique ,
« $14^{cc},78$ d'azote et 5^{cc} d'oxygène.

« On a dosé directement le chlore et l'acide sulfurique,
« et on verra plus loin que la proportion de ces corps est
« très-faible.

« L'acide azotique a été déterminé par le procédé de
« M. Boussingault. On a, d'ailleurs, constaté la réaction
« si caractéristique des azotates mis en présence de l'acide
« sulfurique et du sulfate de protoxyde fer.

« Pour avoir la proportion d'acide silicique, on a ajouté
« au résidu de l'évaporation de l'eau un excès d'acide
« chlorhydrique ; on a évaporé jusqu'à siccité, on a fait
« digérer le résidu avec de l'acide chlorhydrique ; on l'a
« étendu d'eau ; on l'a chauffé doucement ; on a filtré ; on
« a lavé le dépôt d'acide silicique avec de l'eau bouillante;
« enfin on l'a desséché, calciné et pesé.

« Pour connaître la quantité de chaux et de magnésie,
« on a ajouté à l'eau du chlorhydrate d'ammoniaque; puis
« on a précipité la chaux par l'oxalate d'ammoniaque, et,
« dans la liqueur filtrée, la magnésie par le phosphate
« d'ammoniaque contenant de l'ammoniaque en excès.
« L'oxalate de chaux a été desséché et transformé en sul-
« fate de chaux, et le phosphate ammoniaco-magnésien a
« été bien lavé, desséché et chauffé au rouge.

« On a fait bouillir, pendant deux heures, dans une

« capsule de porcelaine, 2 litres d'eau, en ayant le soin
« de remplacer l'eau qui s'évaporait par de l'eau distillée.
« Le précipité, composé de carbonates de chaux, de
« magnésie, de fer et d'alumine, a été mis sur un filtre,
« lavé et pesé. On a ensuite séparé, par les procédés
« connus, le fer, l'alumine, la chaux et la magnésie.

« Cette expérience démontre que ces bases existent
« dans l'eau de la Dhuis en combinaison avec l'acide car-
« bonique, et que les carbonates forment plus des trois
« quarts des principes fixes.

« Pour avoir, du reste, la proportion exacte d'acide
« carbonique, on a précipité 1,000 grammes d'eau par le
« chlorure de barium ammoniacal. Le précipité, lavé avec
« les précautions connues des chimistes et desséché, a
« été introduit dans une éprouvette graduée pleine de
« mercure et contenant de l'acide chlorhydrique. Le
« volume de gaz acide carbonique, ramené à 0° et à la
« pression de $0^m,760$, a été de $92^{cc},26$ ou $0^{gr},182$.

« L'eau de la Dhuis ne contient pas d'ammoniaque;
« elle renferme des sels de soude et de potasse, et des
« traces très-sensibles d'iodure alcalin.

« Je résume dans le tableau suivant les résultats de
« mon analyse, et je place en regard la composition de
« l'eau de Seine, en prenant la moyenne des nombreuses
« analyses que j'ai exécutées du mois de décembre 1852 au
« mois de février 1855.

GAZ POUR 1,000 CENTIMÈTRES CUBES D'EAU.

	Eau de la Dhuis.	Eau de Seine.
« Acide carbonique libre ou provenant des bicarbonates.	$29^{cc},46$	$23^{cc},30$
« Azote.	14 ,78	20 ,00
« Oxygène.	5 ,00	9 ,00
	$49^{cc},24$	$52^{cc},30$

PRINCIPES FIXES POUR 1,000 GRAMMES D'EAU.

	Eau de la Dhuis.	Eau de Seine.
« Carbonate de chaux.	0^{gr},209	0^{gr},177
« — de magnésie.	0 ,024	0 ,019
« — de soude.	0 ,010	0 ,000
« — de fer, alumine. . . .	0 ,002	0 ,004
« Sulfate de chaux.	0 ,001	0 ,018
« Chlorure de sodium.	0 ,009	0 ,011
« Azotates de soude et de potasse. .	0 ,013	quant. not. (1)
« Silicate alcalin.	0 ,014	0 ,004
« Ammoniaque, ...	0 ,000	0 ,00017
« Iodure alcalin.	traces.	traces.
« Matières organiques.	traces presque insensibles.	quantité notable.
« Eau combinée et perte.	0 ,011	0 ,000
	0^{gr},293	0^{gr},233

« Il importe de faire remarquer que, dans l'analyse de
« l'eau de Seine, on a trouvé des traces très-sensibles de
« sels de potasse, et que les azotates n'ont pas été dosés,
« parce que nous manquions alors d'un bon procédé. Il
« convient aussi de noter que la proportion de soude n'a
« pas été déterminée; que dans le tableau on n'a pas com-
« biné l'acide silicique avec les bases, et qu'en dosant les
« sulfates et les chlorures de l'eau de Seine on n'a pas
« séparé les sels de chaux, de magnésie et de soude.

« En examinant ce tableau, on remarque les faits sui-
« vants :

« 1° Le bicarbonate de chaux forme les trois quarts en-
« viron des principes fixes contenus dans l'eau de la
« Dhuis. C'est une condition heureuse, puisque ce sel est
« considéré comme indispensable à la formation des os.

(1) J'ai trouvé, dans 1,000 grammes d'eau de Seine puisés, le 24 septembre 1861, au pont d'Austerlitz, 0^{gr},0065 d'azotate alcalin et 0^{gr},018 de soude
et de potasse.

« Du reste, cette eau en perdra probablement une partie
« dans son parcours de la Dhuis à Paris.

« 2° L'eau de la Dhuis contient moins d'air et moins
« d'oxygène que l'eau de Seine ; mais si l'aqueduc est
« aéré, comme on ne saurait en douter, elle dissoudra,
« dans son parcours, un volume plus considérable d'air.

« 3° L'eau de la Dhuis ne contient que des traces pres-
« que insensibles de matières organiques.

« 4° On n'y a pas trouvé d'ammoniaque.

« 5° Elle ne renferme qu'une faible proportion de
« chlorure, et la quantité de sulfate de chaux est si faible,
« qu'on a éprouvé quelques difficultés pour le doser.

« 6° On y a constaté, comme dans l'eau de Seine, la
« présence de l'iode. »

Paris, le 4 octobre 1861.

POGGIALE.

Si cet intéressant travail de M. le docteur Poggiale ne
devait être apprécié que par des chimistes, des physiciens
ou des médecins, nous nous garderions bien de le faire
suivre de commentaires quelconques. Mais, comme nous
espérons bien être lu par une foule de personnes peu familières avec la science chimique, il ne sera peut-être pas
inutile d'ajouter quelques explications.

D'abord nous ferons remarquer la concordance presque
parfaite entre l'analyse faite à loisir par M. le docteur
Poggiale, et les analyses précédentes, un peu hâtées par la
commission d'enquête et insérées à la suite de son rapport. Cette concordance démontre, d'une part, le talent
des chimistes auxquels on s'est adressé, et la constance de
composition de l'eau de la Dhuis, constance qui n'existe
pour aucune eau de rivière. Pour n'en citer qu'un seul
exemple, nous rappellerons que les matières solides ou
fixes de l'eau de Seine varient de 190 à 267 milligrammes,

et que la proportion d'oxygène n'est pas plus stable, puisqu'elle oscille entre 6 et 12 centimètres cubes par litre.

Mais si l'eau de la Dhuis est un peu moins riche en oxygène à son point de départ, il n'est pas douteux, ainsi que le dit fort bien M. Poggiale, qu'elle se saturera de ce gaz, proportionnellement à sa température basse, pendant son parcours dans l'aqueduc de 140 kilomètres, qui doit l'amener à Paris, et dans lequel l'eau sera en contact avec une couche d'air de 20 à 30 centimètres.

Nous pouvons en donner, dès à présent, une preuve convaincante. M. Poggiale a bien voulu doser les gaz contenus dans l'eau de la Dhuis, puisée le 2 octobre, à 8 kilomètres environ de la source.

1,000 centimètres cubes ou un litre de cette eau renfermaient :

Acide carbonique.	$26^{cc},47$
Oxygène.	5 ,40
Azote.	16 ,38

Donc l'eau avait déjà gagné près d'un demi-centimètre d'oxygène. D'un autre côté, elle avait perdu 3 centimètres d'acide carbonique, ce qui explique parfaitement pourquoi le résidu sec ne pesait plus, pour un litre, que $0^{gr},286$ au lieu de $0^{gr},293$.

Des expériences récentes de M. Lefort, membre de la Société d'hydrologie médicale, ne laissent aucun doute sur la prompte absorption de l'air par l'eau, et il ne nous paraît pas étonnant que M. Hervé Mangon ait trouvé 7 centimètres cubes d'oxygène au lieu des 5 centimètres cubes de M. Poggiale ; probablement l'eau qu'il a eue à sa disposition avait pu absorber du gaz oxygène, soit dans les bouteilles, qui n'étaient pas assez pleines, soit par son exposition à l'air. Mais, de quelque manière qu'on explique cette différence, celle-ci ne démontre pas moins avec quelle facilité l'eau de la Dhuis, comme toute autre non saturée d'air, absorbe la quantité qu'elle en peut contenir à la température qu'elle a au moment de l'expérience.

Un autre fait, constaté par l'honorable M. Hervé Mangon au laboratoire des essais de l'École impériale des ponts et chaussées, ne laisse aucun doute sur le principe.

L'eau d'Arcueil, puisée au premier regard de Rungis, c'est-à-dire à l'origine de l'aqueduc, ne contenait que 3^{cc},50 d'oxygène par litre.

La même eau, puisée le même jour à son arrivée à Paris, après un parcours de 12,955 mètres, effectué en douze heures, contenait 6^{cc},10 d'oxygène, c'est-à-dire près du double de ce qu'elle avait au sortir du sol.

Ce qui arrive à l'eau d'Arcueil ne peut manquer de se reproduire dans des proportions bien autrement avantageuses pour l'eau de la Dhuis, puisqu'elle restera, pendant cinq jours ou cent vingt heures, en contact avec l'air, dans un canal de 139,000 mètres.

Enfin, au moment même où nous écrivions ces lignes, M. Boussingault, membre de l'Institut, l'un des chimistes de France dont les opinions ont le plus d'autorité, communiquait à l'Académie des sciences un nouveau travail dans lequel se trouvent des résultats qui viennent confirmer hautement les vues qui précèdent.

Il résulte, en effet, des expériences de M. Boussingault, que la difficulté d'avoir de l'eau *sans air* est infiniment plus grande que celle d'*aérer* de l'eau naturellement privée d'air.

Cette difficulté est telle, que M. Boussingault a dû recourir à des procédés extraordinaires, pour obtenir de l'eau absolument privée d'air. Celle qu'il avait d'abord considérée comme étant à cet état a encore donné par litre 2 centimètres cubes d'azote et la quantité proportionnelle d'oxygène.

Un parcours peu étendu et un court espace de temps lui paraissent suffisants pour que de l'eau, sortant du sol peu ou point aérée, absorbe tout l'air qu'elle peut dissoudre à la température qu'elle a actuellement. Ce phénomène est dû à une sorte d'*avidité* que possèdent l'eau pure et l'eau potable pour l'air atmosphérique ; avidité qui a une telle puissance, que la dissolution de l'air et la saturation de l'eau s'opèrent rapidement, et même dans les expériences des chimistes, malgré les plus minutieuses précautions prises pour les empêcher.

M. Boussingault en conclut que c'est à tort qu'on soutiendrait que des eaux qui auront parcouru une certaine distance en contact avec l'air ne seront pas suffisamment aérées.

Mais il y a une condition essentielle pour qu'une eau potable conserve, à l'état de liberté, le gaz oxygène qu'elle a dissous ; il faut que cette eau ne contienne point de *matières organiques* susceptibles de brûler, en quelque sorte, l'oxygène qu'elle a dissous. Or c'est précisément en ceci que l'eau de la Dhuis, comme l'eau de toutes les sources de bonne qualité, se distingue de l'eau de Seine et des eaux de rivière en général.

Tandis que l'eau de la Dhuis ne présente que des traces presque insensibles de ces matières organiques, l'eau de la Seine, au contraire, en contient des *quantités notables*, d'où il résulte que l'eau de la Dhuis, reçue dans des réservoirs, ne peut que gagner en oxygénation, tandis que l'eau de la Seine perd beaucoup sous ce rapport. C'est ce qu'a aussi démontré péremptoirement **M.** Boudet, dans le savant travail auquel il s'est livré au mois de juin 1861 (1).

Mais enfin si, par impossible, l'eau de la Dhuis ne devait contenir que 5 à 6 centimètres cubes d'oxygène par litre,

(1) Moniteur du 29 septembre 1861.

elle se trouverait dans les conditions d'un grand nombre d'eaux potables dont personne ne se plaint, et même dans les conditions que présente l'eau de la Seine pendant une partie de l'année.

Il nous semble que, à moins d'être par trop difficile, M. le docteur Jolly sera rassuré par ce qui précède, quant *aux qualités chimiques de l'eau de la Dhuis.*

Nous traiterons plus loin, avec tous les développements nécessaires, la question *des qualités hygiéniques;* mais il nous reste à répondre au reproche d'être allé si loin chercher les eaux dont on veut doter la capitale.

Non, Monsieur, ce n'est pas pour doter la capitale d'*eaux de source* que *nous nous sommes livré à de si laborieuses élucubrations,* et que nous *sommes allé les chercher en Champagne, où personne n'avait songé à en prendre.*

Nous, comme bien d'autres Parisiens, nous avons fait le voyage de Londres; là nous avons trouvé, dans toutes les maisons, de l'eau à tous les étages, depuis la cuisine en sous-sol, jusqu'aux chambres sous le comble, et des water-closets d'une propreté parfaite, grâce à une abondante et intelligente distribution d'eau.

En rentrant dans Paris, nous avons revu, avec une sorte de honte, nos maisons et leurs dépendances privées d'eau, cet agent nécessaire de la propreté et, par conséquent, de la santé.

Nous nous sommes demandé quelle était, entre autres, la cause de cet état de choses peu digne de notre capitale, si belle sous d'autres rapports, et nous n'avons point eu de peine à la trouver.

A quelques exceptions près, il n'existe, dans les maisons de Paris, de distribution d'eau que dans la cour, ou, tout au plus, dans les rez-de-chaussée. Il y a pour cela plusieurs raisons; mais en voici une de quelque importance, sans doute : les eaux de Paris sont reçues dans des réser-

voirs trop bas pour qu'elles puissent s'élever dans nos
maisons à quadruple et quintuple étage, et, pour les élever
plus haut, il faudrait des dépenses de forces qui les ren-
draient très-coûteuses. De là, l'idée bien simple assurément de rechercher, aux environs de Paris, soit dans les
rivières, soit dans les sources, des eaux naturellement assez
élevées pour venir remplir des réservoirs, d'où elles pourront se répandre dans toute la ville et à tous les étages des
maisons.

Des eaux, à cette altitude, ne peuvent être prises que
dans les plateaux élevés de la Brie et de la Champagne.

Si la ville de Paris avait trouvé ailleurs, et plus près
d'elle, des eaux sortant du sol, à 120 mètres au-dessus du
niveau de la mer, elle les aurait évidemment préférées, à la
condition, toutefois, de présenter, en outre, les qualités des
eaux propres à tous les usages domestiques et industriels.

Ce n'est donc ni par suite d'une idée préconçue ni par
caprice que la ville a donné la préférence aux eaux de la
Champagne, c'est par nécessité; et vous, qui critiquez cette
résolution, vous n'avez qu'une solution à lui opposer : l'eau
de la Seine, et vous vous écriez : *des eaux claires!* « mais y
« a-t-il donc tant de gens à Paris qui boivent de l'eau
« trouble? A vous dire vrai, je n'en connais guère, etc. »

Nous ne sommes point étonné que M. le docteur Jolly
ne connaisse guère de gens buvant de l'eau trouble ; mais
il nous est bien facile de lui donner le moyen de faire la
connaissance de ces gens-là.

Il existe à Paris 27 fontaines monumentales auxquelles
il n'est pas permis de puiser ; 50 fontaines de *puisage à la
sangle*, dont l'eau, *non filtrée*, est à la disposition de tout le
monde ; 2,381 bornes-fontaines environ qui sont ouvertes
deux fois par jour, et auxquelles on tolère le puisage par
les particuliers pour leur propre consommation. Enfin l'on
compte 13 fontaines dites *marchandes*, donnant *de l'eau*

filtrée et destinées surtout au service des porteurs d'eau.

Voilà donc, pour toute la surface de Paris, 13 fontaines, ou, si l'on veut, 13 sources d'eau claire et 2,431 bouches d'eau, donnant à la population tantôt l'eau de la Seine, tantôt l'eau de l'Ourcq sans aucun filtrage, et telle que la donnent la rivière et le canal.

Maintenant, que ceux qui demandent *qui donc boit de l'eau trouble* se donnent la peine de parcourir les immenses quartiers populeux de la capitale, le matin surtout, au moment où l'on ouvre les bornes-fontaines; ils verront ces utiles et modestes monuments municipaux assiégés par un si grand nombre de personnes munies de seaux, de cruches, de vases de toutes sortes, que dans bien des rues il n'arrive pas une goutte d'eau de la borne-fontaine jusqu'au ruisseau; tout va dans les maisons du voisinage.

Or, quand la Seine ou le canal donnent de l'eau trouble, ce qui arrive environ 170 à 180 jours par an, l'eau des bornes-fontaines et des fontaines à la bretelle est plus ou moins trouble aussi.

Il est vrai que, suivant M. le docteur Jolly, *il n'est pas un ménage dans Paris, si modeste qu'il soit*, qui n'ait sa fontaine filtrante.

Nous renvoyons M. Jolly aux petites voitures à bras qui servent huit fois par an aux déménagements de ces modestes ménages; qu'il cherche dans ces charrettes les fontaines filtrantes; une longue expérience nous a appris que la fontaine filtrante ne fait que très-rarement partie du mobilier qui voyage les huitièmes jours des mois de janvier, avril, juillet et octobre.

La vérité est que l'immense majorité des habitants de Paris boit l'eau telle que la donnent le plus grand nombre de fontaines publiques, c'est-à-dire *non filtrée et plus ou moins trouble*.

D'ailleurs, à moins de remplir les fontaines avec l'eau

déjà épurée par les filtres de la Ville ou ceux de la compagnie des Célestins, les filtres sont plus nuisibles qu'utiles à la salubrité de l'eau. Quand ils reçoivent l'eau brute, ils se couvrent promptement d'un dépôt qui altère profondément l'eau de la fontaine.

C'est en vain que, depuis plus de 200 ans, toutes les administrations municipales ont fait des efforts pour faire cesser un état de choses si fâcheux. On a amélioré, sans aucun doute et dans une proportion déjà sensible, le service des eaux destinées à la boisson ; mais il reste beaucoup à faire, surtout en présence d'une augmentation de population qui dépasse toutes les prévisions (1).

Et c'est au moment où le projet le plus désiré, le plus simple dans son exécution, le plus parfait dans son résultat est sur le point de résoudre cette question difficile, que des hommes, fort honorables du reste, viennent se jeter à la traverse, avec une ardeur que toute l'eau de la Champagne ne saurait modérer, en accumulant sophisme sur sophisme, erreur sur erreur, exagération sur exagération !

En voici un nouvel exemple :

M. le docteur Jolly nous oppose, en effet, cette objection assez originale.

Suivant lui, il est douteux que les eaux calcaires de la Champagne se dépouillent, dans leur course, de leur excès de sels terreux ; et cependant il admet, trois lignes plus bas,

---

(1) Voici le tableau de la population de Paris à chacun des recensements opérés depuis 1817 :

1817	713,966
1831	774,338
1836	909,121
1841	935,261
1846	1,053,897
1851	1,053,262
1856	1,174,346

Aujourd'hui l'administration doit satisfaire les besoins d'une population de 1,600,000 habitants et plus.

qu'il se formera un dépôt qui aura l'inconvénient d'incruster les tuyaux et de les condamner quelquefois au chômage.

Que M. Jolly se rassure encore sur ce point. Oui, les eaux calcaires se dépouillent, pendant leur course, d'une partie de leurs sels de chaux, et il est probable que les eaux de la Dhuis, partant de leur source à 22 ou 23 degrés hydrotimétriques, arriveront à Paris avec 19 ou 20 degrés seulement.

Quant au dépôt incrustateur qui en résultera dans un canal de 139 kilomètres, il est probable que ni M. le docteur Jolly, ni nous, ni nos enfants ne le verront obstruer ledit canal.

Des eaux bien autrement incrustantes, dirigées sur Rome, Carthage et autres villes, n'ont pas cessé de couler pour les Romains et les Carthaginois, qui ont eu la malheureuse idée de nous laisser cet exemple insensé !

Nous ne réfuterons pas cette objection. Le calcul, qu'un autre de nos adversaires n'a pas craint de jeter à la crédulité publique à l'occasion de ces terribles incrustations, nous a *pétrifié !* Comment pourrions-nous en contester l'exactitude?

M. le docteur Jolly, poursuivant les leçons qu'il nous donne d'un bout à l'autre de sa lettre, nous apprend *que la condition de pureté de l'eau ne peut être prise que dans un sens relatif ; — que, quand les eaux de la Seine prises en amont dans le vif du courant ont subi les effets d'un filtrage qui leur a enlevé en même temps toutes les matières étrangères qu'elles tenaient en suspension, elles ont acquis, par le seul fait du filtrage, tout le degré de pureté que l'hygiène puisse exiger d'elles ; — que le filtrage a même suffi pour affranchir les étrangers du tribut incommode qu'ils payaient autrefois en arrivant à Paris ; — que l'eau distillée n'est pas potable ; et enfin ceci : — pour que les eaux soient réellement potables, il faut qu'elles recèlent des substances organiques et inorganiques dans certaines proportions.*

Voilà qui est trop fort. Passe pour les substances inorganiques ; mais *les substances organiques !* nous ne pensons pas qu'excepté Parmentier, qui ne voyait aucun inconvénient à boire l'eau dans laquelle flottait un chien pourri, que personne, disons-nous, ni parmi les hygiénistes ni parmi les chimistes, ait jamais considéré comme nécessaire la présence dans l'eau potable de *matières organiques en certaines proportions.* Il y a bien, au contraire, unanimité de tous les hommes qui ont traité ces questions, pour placer *l'absence de toute matière organique* en tête des qualités que doit avoir une eau potable.

Nous ne connaissons aussi que M. le docteur Jolly qui professe cette opinion : *que la plupart de nos eaux minérales les plus précieuses doivent, dans un grand nombre de cas, toute leur efficacité à la présence de matières organiques* (*Baréges, Néris, Vichy,* etc.).

On croit rêver en voyant de pareilles choses signées d'un nom si justement estimé ; qu'il nous soit permis de n'y voir qu'un excès de zèle.

Voici, en effet, la conclusion que tire M. le docteur Jolly de sa découverte sur la nécessité de la présence *des matières organiques* dans les eaux destinées à la boisson.

« Et pourriez-vous donc soutenir, Monsieur, que la
« Providence n'a fait tout cela que pour composer des
« eaux à l'usage de la navigation, ou, comme vous le dites
« encore, pour le bon plaisir des pêcheurs, mais nulle-
« ment pour l'alimentation de l'homme? »

En vérité, je vous le dis, Monsieur Jolly, nous ne nous attendions pas à rencontrer la Providence dans une question de *matière organique, d'eau de source et d'eau de rivière ;* mais, puisque vous nous avez conduit sur ce terrain, nous profiterons de nos avantages, pour vous donner, à notre tour, une petite leçon ; mais une leçon d'histoire sacrée et non une leçon de chimie ; car sur ce dernier chapitre vous êtes plus fort que nous.

Or voici ce que l'on peut lire dans l'Exode, chap. XVII :

« 3. Le peuple, se trouvant donc, en ce lieu, pressé de la
« soif et sans eau, murmura contre Moïse, en disant : Pour-
« quoi nous avez-vous fait sortir de l'Égypte, pour nous
« faire mourir de soif, nous et nos enfants et nos troupeaux ?

« 4. Moïse cria alors au Seigneur et lui dit : Que ferai-je
« à ce peuple ? il s'en faut peu qu'il ne me lapide.

« 5. Le Seigneur dit à Moïse : Marchez devant le peuple ;
« menez avec vous des anciens d'Israël ; prenez en votre
« main la verge dont vous avez frappé le fleuve, et allez
« jusqu'à la *pierre* d'Horeb.

« 6. Je me trouverai là moi-même présent devant vous ;
« vous frapperez *la pierre et il en sortira de l'eau*, afin que
« le peuple ait à boire. Moïse fit devant les anciens d'Israël
« ce que le Seigneur lui avait ordonné. »

M. Jolly ne pourra pas contester apparemment que ce fut
bien de *l'eau de source* que la Providence envoya ainsi aux
Hébreux altérés. L'eau sortit *d'une pierre*, lorsque celle-ci
fut frappée par la verge divine.

M. Jolly reconnaîtra sans doute, avec le même empressement, que la Providence pouvait tout aussi bien donner
à la verge de Moïse le pouvoir de créer une rivière, dont
les eaux seraient sorties de ces *véritables vases culinaires où
s'opère pour les besoins de l'homme et des animaux une sorte
de coction, qui,* etc.

Hé bien, pas du tout ! c'est d'un rocher que la Providence a fait jaillir l'eau destinée au peuple hébreu ; du
moins est-ce ainsi que l'ont compris tous les peintres qui
ont représenté cette scène. Or d'un rocher ne peut évidemment sortir qu'une source, et qui pis est, qu'une source
dont l'eau n'est ni *insolata*, ni *illustrata*, ni *castigata* comme
la veulent M. Jolly et Cornarius (1).

(1) Un des commentateurs d'Hippocrate.

Mais, quoi qu'il en soit, nous nous emparons victorieusement du texte sacré et nous disons : que, si jamais la Providence s'est préoccupée du choix d'une eau potable, il est bien évident qu'elle a donné la préférence aux eaux de source.

Tous les auteurs qui ont écrit sur les qualités que doit avoir une *bonne eau potable* ont considéré sa température comme une condition essentielle. Partant de là, les magistrats de la cité ont imposé aux auteurs de projets pour l'alimentation de la population l'obligation de lui fournir de l'eau *fraîche en été et tempérée en hiver* ; c'est-à-dire jouissant d'une température moyenne, aussi constante que possible.

On ne pouvait trouver cette constance de température dans les rivières exposées à toutes les variations qui résultent des saisons. De là, une des raisons capitales pour recourir aux sources, dont la température est presque invariable.

Il ne restait à résoudre que le problème de faire arriver ces eaux jusqu'au consommateur, avec la température initiale de l'eau à la source, ou du moins avec la perte la plus petite possible de cette température.

Tout le monde sait que les caves bien établies paraissent fraîches en été et chaudes en hiver ; tout simplement parce que leur température varie très-peu. Celle-ci se maintient, en général, entre 9 et 12 degrés au-dessus de zéro.

L'eau des sources sortant de terre à peu près à cette température, il a paru tout naturel de la faire voyager dans *une cave*; c'était, en effet, le moyen de lui conserver cette température favorable.

C'est là précisément ce qu'on a fait, et les aqueducs de l'antiquité, tout comme les aqueducs les plus modernes, ne sont autres choses que de *longues caves*, dans lesquelles l'eau chemine, à l'abri des influences atmosphériques, jusqu'à sa destination.

L'expérience des temps anciens, aussi bien que celle

qui résulte des plus nouvelles constructions hydrauliques, démontre qu'on a parfaitement atteint le but qu'on avait en vue. Aussi éprouvons-nous un singulier étonnement en lisant dans la lettre de notre collègue : « Mais croyez-vous « donc, Monsieur, que les eaux que vous irez prendre à « 30, 40 et 50 lieues de Paris, dans la Dhuis, la Vanne, « le Sourdon, la Somme-Soude et ailleurs, arriveront à « Paris et jusque sur nos tables à la température de « 12 degrés qu'elles avaient à leur point de départ ? « Vous avez trop de bon sens et de raison pour le penser ! »

Puis, pour achever sa démonstration, M. Jolly invoque l'exemple de l'eau d'Arcueil qui, suivant lui, arriverait à Paris si peu fraîche, *que la population donnerait volontiers toute préférence à l'eau de Seine.*

Voici ce qui a convaincu notre bon sens.

L'aqueduc de la Dhuis sera recouvert d'un mètre de terre ; la maçonnerie de la voûte aura $0^m,20$ d'épaisseur, et il y aura une tranche d'air d'environ $0^m,20$ au-dessus de l'eau.

La partie de l'eau la plus élevée, la tranche superficielle, sera donc de $1^m,40$ au-dessous du sol. A cette profondeur, les météorologistes considèrent que la température, sous le climat de Paris, est presque invariable, et égale la température moyenne, soit à peu près $10°,50$; c'est ce qu'on appelle vulgairement la température des caves ; mais, lorsque l'aqueduc sera plein d'eau, sa température variera comme celle de l'eau et sera comprise entre 9° et 12° (1). L'eau y sera toujours fraîche *comme elle l'est dans les aqueducs de Rome,* qui, cependant, sortent souvent hors du sol. Les expériences faites pendant six ans sur les eaux de Paris ne laissent aucun doute à cet égard (2).

---

(1) 9 degrés à l'équinoxe du printemps, 12 degrés à l'équinoxe d'automne.
(2) Voir, dans le *Rapport de la commission d'enquête,* p. 37.

Je dois vous avertir, Monsieur Jolly, que ceci vient des hommes les plus compétents en cette matière. Libre à votre bon sens de contester leur opinion.

Quant aux eaux d'Arcueil, dans lesquelles M. le docteur Jolly croit trouver un argument, je lui déclare qu'après enquête nous sommes resté convaincu que l'état des choses et de l'opinion est absolument contraire à ce qu'il avance.

Non-seulement la population de la montagne Sainte-Geneviève, qui boit de l'eau d'Arcueil, n'accepterait pas avec indifférence la substitution de l'eau de Seine, mais encore cette substitution, en été, par exemple, serait capable de produire, dans ces quartiers populeux, une émotion des plus vives. Là, on est habitué, depuis un siècle, à trouver aux fontaines une eau d'une parfaite limpidité et de la *fraîcheur* la plus agréable. On va la chercher le plus souvent au moment même du repas. Que diraient les commères du faubourg Saint-Marceau, si, un beau jour, leur pot se remplissait d'une eau louche et tiède ?

Demandez même, Monsieur Jolly, aux nobles habitants du Luxembourg; à la population des environs, dans laquelle figure un grand nombre de professeurs et de savants; aux lycées Louis-le-Grand et Saint-Louis; à nombre d'institutions de garçons et de filles; notamment rue d'Enfer, 63 ; rue d'Enfer, 59; rue Saint-Jacques, 287, etc.; partout on vous dira qu'on est très-satisfait de cette eau d'Arcueil, dont la fraîcheur est un des attributs essentiels.

Enfin voici cinq ans qu'on fait des observations suivies sur la température de l'eau à la source de Rungis et à l'arrivée de cette eau à Paris. A la source, la température varie de 9 à 12°. Le minimum s'obtient à l'équinoxe du printemps, le maximum à l'équinoxe de l'automne.

Ces eaux arrivent à Paris à très-peu près à la même température.

Telles sont les raisons qui nous ont convaincu que, contrairement à l'opinion mal fondée de notre critique, les eaux de la Dhuis arriveront à Paris avec une température qui différera très-peu de celle qu'elles ont à la source, de telle sorte que *nous n'éprouverons et ne ferons éprouver à la population de Paris aucun mécompte, aucune déception.*

Nous faisons grâce à M. Jolly de plusieurs autres exagérations et des meilleures ; mais nous ne pouvons nous dispenser de lui donner un conseil à propos de la savante citation *du spectacle divertissant que Spallanzani donnait à ses convives, il y a plus d'un siècle, en leur montrant tout un monde microscopique dans une seule goutte d'eau prise sur sa table.*

Si quelque imitateur ou successeur de Spallanzani donnait ce divertissant spectacle à M. Jolly, qu'il se garde bien de boire l'eau qui aurait fourni la goutte merveilleuse. Cette eau serait nécessairement *de l'eau corrompue ou croupie au soleil*, car l'*eau potable*, prise sur une table, ne laisse voir absolument rien au microscope. C'est même un moyen ironique d'apprécier le savoir de quelqu'un, en matière de microscopie, que de lui demander s'il a vu les myriades d'animaux qui se meuvent dans une goutte d'eau.

Après Spallanzani, vient Hippocrate.

« Vous invoquez (nous dit M. Jolly), avec une grande
« assurance, le prétendu témoignage des hygiénistes et des
« chimistes, même celui d'Hippocrate ; mais ici, je suis
« obligé de vous dire, Monsieur, que vous êtes dans l'er-
« reur....., et puisque vous avez cité à cette occasion le
« nom d'Hippocrate, qui n'est plus là pour vous répondre,
« il est temps de vous dire que, si vous aviez pris la peine
« de lire vous-même ce que pensait ce père de l'hygiène
« et de la médecine sur les conditions de salubrité des
« eaux, vous auriez vu que son opinion était exactement

« contraire à celle que vous lui prêtez si gratuitement et
« si légèrement.

« Hippocrate voulait bien, en effet, des eaux claires et
« fraîches, mais il voulait surtout des eaux bien aérées,
« *insolatæ* même, comme le dit son fidèle interprète
« Cornarius, parce que, suivant lui, *sol aquas illustrat et*
« *castigat* (page 94, art. 8, 1564), ce qui ne veut pas dire
« qu'Hippocrate voulait des eaux de source plutôt que des
« eaux de rivière, car celles-là, comme toutes les eaux
« souterraines que vous nous promettez, ne sont pas, que
« je sache, soumises à la triple influence de l'air, du soleil
« et de la lumière. »

Nous ne demanderons pas à M. le docteur Jolly quelle
différence il trouve entre le *soleil* et la *lumière ;* mais nous
lui ferons observer que la citation d'Hippocrate n'appartient pas à la commission d'enquête. Elle se trouve placée
fort à propos dans le rapport du conseil d'hygiène publique de Lyon, rédigé par deux honorables docteurs de cette
ville. Ce n'est donc pas à nous qu'auraient dû s'adresser la
critique et la leçon de M. le docteur Jolly. Mais cette leçon
est singulière ; M. Jolly a supposé probablement que nous
ne savions pas le grec ; en effet :

« *Excusez-moi, Monsieur, je n'entends pas le grec.* »

Heureusement il y a des gens qui le savent et qui
ont traduit Hippocrate en bon français, à la portée de tous
ceux qui pourraient bien se méfier de *Cornarius,* de Foës,
d'Ermerius et autres commentateurs qui ne sont pas d'accord sur l'interprétation de certains passages. Or, dans la
traduction si justement admirée de M. Littré, on trouve
textuellement ce qui suit. Nous rapportons le passage
entier, afin de ne laisser aucun faux-fuyant à notre savant
critique.

« Les eaux dormantes, soit de marais, soit d'étangs,
« sont nécessairement, pendant l'été, chaudes, épaisses,
« de mauvaise odeur ; n'ayant point d'écoulement, mais
« étant alimentées continuellement par de nouvelles pluies
« et échauffées par le soleil, elles deviennent louches,
« malsaines et propres à augmenter la bile. Pendant l'hi-
« ver, au contraire, la gelée les pénètre, la neige et la
« glace les troublent, ce qui les rend les plus favorables à
« la production de la pituite et des enrouements. »

Suit la description des maladies auxquelles donnent lieu
ces eaux malsaines. Hippocrate continue ainsi :

« Je regarde de telles eaux comme mauvaises pour tous
« les usages ; les plus mauvaises, après celles-là, sont celles
« qui proviennent ou de rochers, ce qui leur donne né-
« cessairement de la dureté, ou d'un terroir dans lequel
« sont des eaux chaudes, du fer, du cuivre, de l'argent,
« de l'or, du soufre, de l'alun, du bitume ou du nitre.
« Tout cela est l'effet de la chaleur ; par conséquent, les
« eaux d'un tel terroir ne peuvent pas être bonnes, elles
« sont dures et échauffantes ; elles passent difficilement
« par l'urine et contrarient les évacuations alvines.

« Les meilleures sont celles qui coulent des lieux élevés
« et des collines de terre ; elles sont douces, claires, et
« peuvent porter un vin léger.

« Elles deviennent chaudes pendant l'hiver et froides
« pendant l'été, ce qui prouve qu'elles proviennent des
« *sources* les plus profondes.

« Il faut surtout louer les cours d'eau qui se font jour
« du côté du levant, et particulièrement du levant d'été ;
« ces eaux sont nécessairement plus limpides, de bonne
« odeur et légères.

« L'exposition a aussi de l'influence sur les qualités des
« *eaux de source :* celles dont *la source* regarde le levant
« sont les meilleures ; viennent ensuite celles qui coulent

« entre le levant d'été et le coucher d'été, mais surtout
« celles qui se rapprochent de l'orient.

« Au troisième rang sont placées celles dont le cours est
« entre le coucher d'été et le coucher d'hiver; enfin les
« pires sont celles qui sont tournées au midi, et celles qui
« regardent le lever et le coucher d'hiver, les vents du
« midi en augmentent les mauvaises qualités, les vents du
« nord les atténuent.

« Quant à l'usage *des eaux des sources*, voici les règles à
« suivre : *L'homme bien portant et robuste n'a aucun choix à*
« *faire, il peut boire toujours ce qui se présente.* Mais celui
« qui, à cause d'un état maladif, sent le besoin de l'eau la
« plus convenable aura, pour recouvrer la santé, les pré-
« cautions suivantes à prendre : **A** ceux dont les organes
« digestifs sont durs et faciles à s'échauffer, il convient de
« boire les eaux les plus douces, les plus légères et les plus
« limpides; à ceux dont les organes digestifs sont mous,
« humides et pituiteux, de boire les eaux les plus dures,
« les plus crues et légèrement salées, qui sont, en effet,
« très-propres à consumer l'excès d'humidité.

« Les eaux qui sont les meilleures pour la cuisson et les
« plus dissolvantes sont aussi celles qui relâchent le
« ventre et l'humectent le mieux; celles qui sont crues,
« dures et impropres à la cuisson resserrent davantage et
« dessèchent les organes digestifs.

« On se trompe, en effet, par inexpérience, sur les vertus
« des eaux salées; on les croit laxatives, et cependant elles
« contrarient le plus la régularité des évacuations alvines;
« car, étant crues et impropres à la cuisson, elles exercent
« sur le ventre une action bien plus astringente que relâ-
« chante.

« Telles sont les observations à faire *sur les eaux de*
« *source.*

« . . . .

« La pierre, la gravelle, la strangurie, la sciatique et
« les hernies sont surtout fréquentes là où les habitants
« boivent *des eaux de la nature la plus diverse, telles que*
« *celles des grands fleuves qui reçoivent d'autres rivières,*
« celles des lacs où se déchargent quantité de ruisseaux
« de toute espèce ; enfin toutes les eaux qui, arrivant, *non*
« *du voisinage, mais de lieux éloignés, deviennent hétérogènes*
« *dans le long trajet qu'elles parcourent, etc., etc.* »

Ainsi donc, Hippocrate considère comme *les plus mau-*
vaises les eaux *échauffées par le soleil en été, et pénétrées, en*
hiver, par la gelée, la neige et la glace.

Les *meilleures* sont celles *qui coulent des lieux élevés ; elles*
sont douces, claires, chaudes pendant l'hiver et froides pendant
l'été ; ce qui prouve qu'elles proviennent des sources les plus
profondes.

Pour ces *eaux de source,* Hippocrate pense que l'*homme*
bien portant et robuste n'a aucun choix à faire ; il peut boire
tout ce qui se présente.

Quant aux eaux de rivière, Hippocrate les condamne
formellement comme étant des *eaux de la nature la plus*
diverse, qui deviennent hétérogènes dans le long trajet qu'elles
parcourent. Elles engendrent une foule de maladies.

Il est impossible d'être plus explicite : Hippocrate donne
hautement la préférence aux *eaux de source* sur les eaux
d'étang, de marais et de *fleuve,* et nous sommes pleinement
autorisé, en dépit de Cornarius, à dire à M. Jolly : Si vous
persistez à nous menacer du goître, de la carie des dents
et du cancer d'estomac pour le cas où nous aurions l'audace de boire les eaux de la Dhuis, nous, de par Hippocrate et Molière, nous vous prédisons que les eaux de
rivière vous donneront *la pierre, la gravelle, la strangurie,*
la sciatique et des hernies !

Après nous avoir foudroyé avec Hippocrate, M. le docteur Jolly a recours à un autre genre de personnages qui

lui paraissent des autorités imposantes. Comme on ne nous croirait peut-être pas sur parole, tant la chose est originale, nous rapporterons tout entier le texte de l'auteur.

« Mais il y a du moins un autre témoignage vivant que
« j'admettrais plus volontiers en preuve de la supériorité
« des eaux de rivière sur les eaux de source pour l'ali-
« mentation ; c'est le choix bien marqué que l'instinct des
« animaux leur suggère constamment pour les eaux de
« rivière. *Et sur ce point, il faut bien le reconnaître, l'esprit*
« *des bêtes est souvent plus éclairé que celui des savants.* Si
« vous voulez prendre la peine de vous assurer par vous-
« même de la valeur de ce fait, vous le trouverez saisissant
« de vérité, tout près de Ville-d'Avray que vous citez,
« dans la présence des deux sortes d'eaux et dans la pré-
« dilection toute particulière que les animaux affectent
« pour les eaux troubles d'une mare toute voisine d'une
« source d'eaux vives, fraîches et limpides qu'ils dédai-
« gnent. »

En vérité, Monsieur Jolly, vous m'affligez. Ce qui vient avant ce passage, dans votre longue lettre, m'avait préparé à toutes sortes d'excentricités ; mais celle-ci dépasse tout ce que j'aurais pu imaginer. Ce n'est pourtant pas que je prenne pour moi et mes amis ce que vous dites d'obligeant pour les savants. Comme votre lettre a pour objet, avant tout, de démontrer que vous êtes, à vous tout seul, plus savant que nous tous, et comme il n'est guère d'usage de se dire à soi-même des choses désagréables, il est évident que ce n'est ni moi ni vous qui sommes *des savants dont l'esprit est moins éclairé que celui des bêtes.* Les savants de cette espèce prendront la chose comme ils voudront, et vous aurez à vous arranger avec eux.

Mais vous avancez ici des choses bien autrement hasardées. Où donc avez-vous vu, Monsieur Jolly, que les bêtes *montraient une préférence bien marquée et constante pour les eaux de rivière?* Pour le savoir, il aurait fallu comprendre leur langage, et je ne crois pas que vous en soyez arrivé là. Mais enfin, l'assurance avec laquelle vous parlez de cette préférence a ébranlé mes convictions fondées sur une expérience de plus de trente ans. J'ai eu recours à celle de collègues qui élèvent des animaux depuis leur enfance et ne cessent pas de les étudier. Tous m'ont répondu que cette prétendue préférence n'est qu'une chimère, et que c'est pour la première fois qu'ils en entendent parler. Tout ce qu'on peut dire, c'est que des animaux habitués à s'abreuver dans une mare n'acceptent pas du premier coup l'eau de la rivière, et *vice versâ*. Ceux qui ont toujours bu ou qui ont bu pendant un certain temps l'eau d'un puits ou d'une source refusent d'abord les eaux d'une mare ou d'un étang. Voilà ce qu'apprend aux fermiers, aux cultivateurs une longue expérience. Du reste, tous attestent que ce changement de régime n'a jamais eu, à leur connaissance, le moindre inconvénient, aucune influence sur la santé des animaux. Lorsque ce changement survient, les animaux font quelques façons pour accepter la nouvelle eau, qu'ils ne reconnaissent pas pour leur boisson habituelle ; mais la soif a bientôt vaincu leur répugnance et toute hésitation cesse.

Quant aux circonstances et aux dispositions des lieux qui permettraient à des animaux de choisir entre une source et une mare ou une rivière, en vérité, Monsieur Jolly, vous avez dû avoir peu d'occasions de rencontrer cette disposition, et c'est probablement votre imagination qui l'a créée.

Je connais aussi bien que vous les environs de Ville-d'Avray ; j'ai habité ou fréquenté tous les villages qui sont à quelque distance de cet agréable séjour : Sèvres, Saint-Cloud, Garches, Villeneuve-l'Étang, Marnes, Chaville, Meudon, etc.

Je vous défie de me faire voir en aucun de ces lieux une source ou une rivière qui se trouvent à proximité d'une mare, de telle façon que les animaux qu'on mènerait boire puissent choisir entre ces eaux ou témoigner une préférence quelconque pour l'une d'elles.

Dans la crainte de m'abuser ou d'avoir mal observé, je me suis bravement mis en campagne et j'ai visité de nouveau Ville-d'Avray et ses environs. Je me suis enquis partout des mares, des sources et des rivières, et peu s'en est fallu que mes questions me fissent prendre pour un homme dont le sens commun avait éprouvé quelque dérangement.

En effet, comment se passent les choses quand il s'agit de faire boire des bêtes? On les conduit soit à la rivière, soit à l'étang ou à la mare, bien rarement à la source; quelquefois on les abreuve à la ferme avec l'eau d'un puits ou d'une pompe. Mais je déclare ne pas connaître aux environs de Paris un seul endroit où l'on pourrait laisser aux animaux le soin de choisir entre deux eaux.

En vérité, je vous le dis, Monsieur Jolly, ceci n'est qu'une plaisanterie, et la preuve, c'est le peu de soin que vous avez mis à l'écrire. Vous commencez par nous parler de la prédilection des animaux pour les *eaux de rivière*, et vous citez, comme exemple et comme preuve, les *eaux troubles d'une mare* qu'ils auraient préférées aux eaux vives, fraîches et limpides d'une source! Vous voyez que vous n'étiez pas bien sûr vous-même de ce que vous vouliez dire.

Quant à l'*appétence bien connue de toutes les plantes pour les eaux de rivière et les eaux de pluie bien aérées, plutôt que pour les eaux crues de source*, je n'aurais jamais cru que j'aurais à vous rappeler que, partout où une source sort du sol, la végétation d'une foule de plantes est si active autour d'elle, avant même qu'elle ait été *insolata, illustrata* et *castigata* (comme le dit à peu près Cornarius), que la source disparaît sous cette luxurieuse végétation, et, si les jardiniers préfèrent l'eau *insolata*, c'est tout bonnement parce qu'ils ont appris, par expérience, que de l'*eau fraîche* active moins la végétation que de l'eau *réchauffée*. Mais, quand le jardinier veut boire de cette eau, il la prend à la source même, *non insolata*, afin de l'avoir fraîche et pure.

Permettez-nous de faire comme le jardinier.

Mais nous arrivons, quoique assez péniblement, à une remarque pleine d'insinuations malveillantes, auxquelles il nous paraît nécessaire d'opposer l'irrésistible logique des faits ; la voici :

« Il n'échappera sans doute à personne que si l'eau de
« la Seine est devenue si malsaine, si indigne des habitants
« de Paris, à cause de toutes ses impuretés, elle ne doit
« pas être bien meilleure pour toutes les populations qui
« s'en abreuvent au delà de la capitale jusqu'au Havre, et
« il faudra bien aussi les prendre en pitié, leur préparer
« également un nouveau régime d'eau. C'est une simple
« remarque que je livre à l'attention de la Commission
« spéciale des eaux. »

Et, d'abord, nous n'avons jamais dit que l'eau de la Seine fût devenue malsaine et indigne des habitants de Paris. Nous avons dit que le besoin du progrès s'était fait sentir pour l'eau livrée aux populations, tout aussi bien et plus justement peut-être que pour des objets d'une moindre importance ; que si l'on s'était contenté pendant longtemps de l'eau de la Seine plus ou moins filtrée, chaude en été, glaciale en hiver, il fallait désormais assurer un service plus satisfaisant sous tous les rapports et surtout plus abondant. De là de nouveaux projets, dont les eaux de source sont la base.

Mais, quels que soient ces projets, il est évident qu'ils

ne sauraient modifier en rien un état de choses irrémédiable en lui-même.

Personne, pas même M. le docteur Jolly, ne peut faire que Paris ne soit pas assis sur les rives de la Seine avec ses 1,600,000 habitants; et, quels que soient les inconvénients qui peuvent en résulter pour les populations en aval de Paris, il n'y a guère de remèdes à ces inconvénients. Mais nous allons démontrer que ces inconvénients n'existent pas, ou sont insignifiants.

Premièrement, en ce qui concerne la nature de l'eau de la Seine, il est prouvé, depuis longtemps, que les impuretés déversées dans le fleuve par les émonctoires de la ville sont déposées ou décomposées même à une assez faible distance, ou après un parcours peu étendu. Cela est si vrai, que l'eau de la Seine, puisée à Marly pour les services de Versailles, est presque aussi pure que l'eau du fleuve puisée à Port-à-l'Anglais, au-dessus de Paris. Nous nous en sommes encore assuré il y a peu de jours.

L'eau de Seine, puisée à Poissy, ne laisse plus apercevoir la moindre trace de son passage à travers la grande ville. Cette eau, mise en bouteilles, se conserve intacte pendant deux mois, à l'abri du soleil, toutefois.

Il s'ensuit que ce serait bien à tort que l'on s'apitoierait sur le sort des populations qui vivent au-dessous de Paris, sur les bords de la Seine, à Marly et plus bas; à plus forte raison, à Mantes, Rouen et le Havre.

En second lieu, on s'est beaucoup récrié sur les inconvénients qui peuvent résulter du déversement de toutes les eaux d'égouts de Paris *sur un seul point*, à Asnières.

C'est encore là une erreur. D'abord remarquons que, en dirigeant les eaux de ses égouts entre Asnières et Saint-Ouen, la ville de Paris affranchit de ces inconvénients une bonne partie d'elle-même, et, entre autres, les eaux puisées par les machines de Chaillot, distribuées à la plus grande partie de la population. Elle en débarrasse Passy, Auteuil, Sèvres, Saint-Cloud, Suresnes, Puteaux, Neuilly et Asnières lui-même.

Quant au dépôt que formera, sur le bord du fleuve, l'eau du grand égout collecteur, nous pensons que ce dépôt, bien loin d'être un inconvénient, sera, au contraire, un résultat heureux de la nouvelle combinaison. Plus il restera de matières en un point restreint, moins il s'en mêlera aux eaux du fleuve, et plus il sera facile de les enlever par le dragage.

Pour être persuadé de la justesse de cette manière de voir, il suffit d'observer ce qui se passe à l'embouchure de plusieurs des grands égouts de Paris et notamment à l'embouchure de la Bièvre. Il se forme là des amas considérables de matières immondes, qu'on enlève de temps en temps avec les dragues. Plus ces amas seront considérables, et mieux cela vaudra, puisque ce sera autant d'impuretés soustraites au lit du fleuve et à son courant. L'expérience apprendra si ces *boues* peuvent être utilisées par l'agriculture. Dans le cas contraire, on s'en débarrassera autrement.

Ajoutons que l'extrémité du grand égout est garnie d'une grille qui arrête et ne laisse point arriver jusqu'au fleuve les *corps flottants* entraînés par les eaux des égouts, tels que les débris de légumes et les animaux morts.

Enfin, pour compléter ce système, MM. les ingénieurs étudient un système d'appareils qui arrêteront au passage les sables et les corps lourds, de manière à les séparer des eaux d'égouts, avant l'arrivée de celles-ci à la rivière.

Faut-il maintenant répondre d'avance à l'objection qu'on pourrait nous faire que, quoi qu'on fasse, on n'enlèvera pas à l'eau des égouts, et l'on n'empêchera pas de se mêler à l'eau de la Seine, *les matières dissoutes* qui s'y trouvent? Si quelqu'un de nos adversaires a résolu ce problème, nous serons charmé de connaître son procédé. Nous savons bien qu'il y a une théorie et un projet à cet égard; nous y reviendrons à propos des objections formulées par M. Barral.

Il faut convenir que nous avons affaire, dans M. le docteur Jolly, à un rude jouteur. Toutes les faces de la question lui sont familières; il ne manque que des vers à son éloquente philippique; mais il y a de la prose qui vaut bien des rimes, en voici la preuve :

Après avoir contesté que les plus habiles ingénieurs puissent trouver de l'eau dans une certaine vallée de la Champagne, M. le docteur Jolly continue ainsi, en passant de l'impossible au pathétique :

« Mais je sais, du moins, qu'il y a dans cette vallée
« même où vous avez déjà jaugé vos eaux problématiques,
« *un lieu saint*, un lieu de prière et de triste souvenir que
« personne n'oserait profaner : c'est la tombe de deux
« bataillons entiers de volontaires armés pour la défense
« de leur territoire en 1814, et qui sont restés anéantis
« sous les masses de l'armée russe; tombe sacrée (s'écrie
« M. Jolly) où vous ne pourriez toucher sans commettre
« un sacrilége aux yeux du pays, qui ne vous demanderait
« pas seulement grâce pour ses eaux, grâce pour ses
« champs et ses moissons, mais pitié pour la tombe de ses
« enfants martyrs ! »

Hâtons-nous de rendre justice à M. Jolly, sur qui nous ne voudrions pas laisser peser la responsabilité d'un appel aux passions, dans lequel le ridicule le dispute à l'odieux.

Ce pathétique tableau n'est pas de M. Jolly; notre collègue l'a pris dans une brochure publiée par M. Fulgence

Maillard (1), à l'occasion de l'enquête ouverte au mois de juin 1861 dans le département de la Marne.

Maintenant, est-il besoin de dire que ce champ où reposent des braves est *au fond d'une vallée;* que ce n'est pas assurément *au fond* de cette vallée *tourbeuse* que les ingénieurs iront chercher de l'eau et que, dussent-ils exécuter des travaux quelconques près de ce lieu, il serait évidemment bien facile de respecter une terre, objet de la vénération du pays. Supposer le contraire, c'est adresser gratuitement une injure, non-seulement à tous ceux qui auront à délibérer sur le tracé des travaux, mais surtout à MM. les ingénieurs des ponts et chaussées, dont le patriotisme et la délicatesse sont assez connus pour que personne ne puisse se croire le droit de leur faire la leçon.

M. Jolly continue ainsi :

« Mais, à ce point de vue même, une chose m'a surtout
« frappé; c'est que, pour défendre le projet, vous vous
« soyez inspiré de l'exemple des anciens Romains; car il
« n'y a vraiment là aucune analogie à invoquer. Vous
« devriez savoir que les aqueducs actuels de Rome ne sont
« plus guère l'œuvre antique des anciens Romains, mais
« surtout l'œuvre toute moderne des papes. »

En vérité, on croit rêver en lisant de pareilles choses, et nous pourrions nous contenter d'opposer à M. Jolly plusieurs autres critiques, non moins savants, qui cherchent à nous tourner en ridicule en nous accusant de nous livrer *à une servile imitation des aqueducs romains.* Mais il nous sera facile de répondre à l'un comme à l'autre.

Comment! il n'y a aucune analogie entre les aqueducs projetés de la ville de Paris et les aqueducs des anciens Romains? En quoi donc, je vous prie, différeront-ils?

---

(1) Maire de Morains, commune de 90 habitants environ, du canton de Vertus, arrondissement de Châlons-sur-Marne.

Nous aurons des conduits souterrains comme ceux des anciens Romains ; nous aurons des arcades là où ce système sera applicable aux vallées ; nous aurons des ponts pour franchir les rivières, enfin des réservoirs pour recevoir les eaux.

Il y aura, de plus qu'à Rome, le moderne système de siphons en fonte pour franchir les vallées trop profondes ou trop larges. Si M. Jolly s'était donné la peine de lire le second mémoire de M. le préfet, il aurait appris que ce qui a existé et ce qui existe encore à Rome nous était connu autant qu'il est possible de connaître une chose qu'on n'a pas sous les yeux.

Nous saurons imiter ce qu'il y a eu de bon dans les anciens aqueducs et profiter des progrès de l'art en matière de constructions de ce genre. Nous n'imiterons pas *servilement* les Romains ; nous serons Français avec Rondelet et Prony ; Romains avec Vicat, l'inventeur de la chaux hydraulique artificielle.

Quant à la qualité des eaux, nous serons, j'en conviens, plus Romains que les Romains eux-mêmes, anciens et modernes. Placés comme nous, sur le bord d'un fleuve qu'Horace a qualifié d'un seul mot : *Tibrim flavum* (1), les Romains sont allés chercher des eaux de source à une grande distance. Ce n'est que plus tard que le pape Paul V a fait venir les eaux du lac Bracciano.

Or, si la Seine au-dessus de Paris n'est jamais tout à fait aussi *flava* que le Tibre, il faut convenir cependant qu'elle est souvent trouble, puisque cela lui arrive 179 jours par an, au-dessus du confluent de la Marne ; mais, quand cette rivière nous apporte son contingent d'argile jaune, il faut bien reconnaître que la Seine devient alors un nouveau

---

(1) On voyait, à la dernière exposition des ouvrages des pensionnaires de Rome, un tableau représentant une vue de l'Aventin. Le Tibre y figure avec une eau dont la couleur ne peut être comparée qu'à celle de la boue que forme le macadam un jour de pluie.

Tibrim flavum, surtout pour les habitants de la rive droite, qui pourraient suivre les eaux bourbeuses de la Marne, même au delà du dernier pont de Paris.

Voilà bien, ce nous semble, une véritable analogie avec Rome ; c'est pourquoi nous imiterons servilement les anciens Romains, en allant chercher, où elles sont, des sources d'eau toujours limpide, toujours fraîche, toujours pure pour les offrir à la Ville, qui peut, sous bien des rapports, se glorifier d'être la Rome moderne.

M. Jolly nous reproche encore de faire des aqueducs d'une trop grande longueur. Grand Dieu ! qu'il nous donne donc le moyen d'abréger la distance qui nous sépare des hautes sources de la Champagne ; nous ne tenons pas le moins du monde à faire des aqueducs de 140 et 160 kilomètres.

Nous ne méritons pas davantage le reproche de nous être laissé tenter *par une vaine conception de luxe et de splendeur monumentale* (1).

M. Jolly devrait savoir que les 14 aqueducs des anciens Romains n'avaient pas moins de 418 kilomètres d'étendue : nous n'en sommes encore qu'au premier aqueduc et à 139 kilomètres, et ce serait peut-être ici le cas de renvoyer à M. Jolly épigramme pour épigramme ; mais nous aimons mieux répondre au reproche renouvelé de l'aqueduc de Roquefavour.

La conception de l'aqueduc de la Dhuis, et de tout autre qu'il sera nécessaire de construire, si le besoin s'en révèle plus tard, n'est point une conception *de luxe ni de splendeur monumentale.* Que M. Jolly nous permette encore ici de le lui dire, que, s'il avait lu avec un esprit de critique impartiale le rapport de la commission d'enquête, il aurait remarqué ce passage :

(1) Voir le mémoire de M. Fulgence Maillard, qui a fourni ces belles expressions à M. Jolly.

Page 47. « La commission a pris connaissance avec sa-
« tisfaction de projets de siphons, au moyen desquels
« MM. les ingénieurs se proposent de franchir les vallées
« et les cours d'eau. Elle voit dans l'application de ces si-
« phons métalliques, substitués aux aqueducs sur arcades,
« une heureuse alliance des antiques monuments, que
« leur durée presque éternelle désigne à notre admiration,
« avec les procédés modernes. Ceux-ci frappent moins
« l'imagination sans doute, mais leur exécution plus écono-
« mique permet de multiplier les dérivations et d'étendre
« les bienfaits qui en résultent pour les peuples.

« Quoi qu'il en soit, la commission, pénétrée de cette
« pensée, que dans les œuvres d'une grande époque et
« d'une grande cité on ne doit jamais, tout en se livrant
« à des travaux utiles, négliger le côté artistique et monu-
« mental des entreprises, a voulu savoir jusqu'à quel
« point les siphons pourraient être remplacés par des
« aqueducs sur arcades.

« MM. les ingénieurs ont répondu que les siphons
« en bonne fonte, tels qu'ils les proposent, ne présentent
« aucun inconvénient et sont très-économiques. Il leur
« paraît très-difficile de déterminer, *à priori*, quelle aug-
« mentation de dépense entraînerait la substitution des
« arcades aux siphons, partout où ils se proposent d'éta-
« blir ceux-ci.

« De plus, si l'on voulait traverser toutes les vallées par
« le même procédé, la hauteur des ponts-aqueducs at-
« teindrait, sur certains points, jusqu'à 60 mètres. Il y
« aurait encore dans les vallées des difficultés de fondations
« considérables, et les dépenses excéderaient bien certai-
« nement de beaucoup le chiffre indiqué ci-dessus.

« La commission, convaincue par ces réponses péremp-
« toires, n'a pas insisté. »

Ainsi donc, dans les projets de la ville de Paris, point

de luxe, rien de monumental, point d'aqueducs de Roquefavour ou autres ; rien qui parle aux yeux et qui rappelle à la multitude *les sacrifices qu'elle a dû faire pour la gloire des édificateurs;* mais, au contraire, un monument obscur et caché, tout d'utilité pratique (1).

Dans ses flancs coulera un de ces bienfaits qui, se répandant pour ainsi dire goutte à goutte dans la retraite du travailleur et du pauvre, au sein même de sa famille, font vivre les noms de ceux auxquels ils sont dus aussi longtemps que la reconnaissance du peuple.

Cette reconnaissance ne manquera pas à l'édilité parisienne de nos jours, qui aura doté la Ville d'une jouissance qui lui était inconnue.

De Rome M. Jolly saute à Grenoble ; la différence est grande pourtant, puisque les aqueducs romains n'ont pas cessé de donner de l'eau en abondance depuis des siècles, tandis qu'à Grenoble, suivant M. Jolly, après *avoir dépensé près de 800,000 fr. pour un service public en eaux de source, la Ville a vu ce service presque entièrement annulé par suite de l'action obstruante et destructive de ses eaux sur les tuyaux de conduite.*

En conséquence, M. Jolly nous reproche vivement de nous appuyer sur cet *exemple plus triste encore que celui de Rome.* .

Notre réponse consistera dans l'extrait d'une lettre du savant ingénieur lui-même, qui a doté, non sans difficultés il est vrai, la ville de Grenoble d'une belle distribution d'eau ; mais ces difficultés étaient de celles qu'il était impossible de prévoir. Nous pensons qu'on lira avec intérêt cette courte relation des péripéties des eaux de Grenoble.

« Après avoir recueilli à Paris, de tous les hommes les
« plus compétents, les renseignements qui m'étaient né-
« cessaires, je mis la main à l'œuvre.

(1) Voir encore le mémoire de M. Fulgence Maillard.

« Notre conduite principale avait 3,400 mètres de lon-
« gueur, 0^m,28 de diamètre. La ville fut sillonnée de con-
« duites avec des diamètres calculés suivant la longueur et
« le débit.

« Mon devis total s'élevait à 399,000 fr., et je fus assez
« heureux pour ne dépenser que 392,000 fr. La Ville
« comptait que ma dépense serait de 7 à 800,000 fr.

« J'avais bien étudié mon projet et je pus croire que
« j'avais fait un travail qui devait durer des siècles, lors-
« que, six ans après, je m'aperçus d'une légère diminution
« dans nos fontaines. J'examinai le tuyau vertical du
« Château-d'Eau et je m'aperçus qu'il y avait des rugo-
« sités qui diminuaient sa capacité ; j'en détachai quelques-
« unes, et l'analyse ne me donna que de l'hydrate d'oxyde
« de fer.

« Ces espèces de rugosités étaient sphéroïdales, ellip-
« soïdales, s'écrasant facilement, parce que cette croûte
« était très-mince.

« Je fus effrayé. On composa, sur ma demande, une
« commission de tous les savants qui étaient à Grenoble ;
« nous fîmes des rapports, des mémoires et un appel à
« tous les instituts d'Europe. Il ne nous parvint aucune
« solution satisfaisante, lorsque, trois ans après, M. Payen
« résolut le problème.

« Dans une conduite d'eau en fonte de fer, il y a les
« éléments d'une pile : le métal, l'oxyde du métal et les
« eaux qui contiennent toujours des sels. L'action élec-
« trique varie avec la longueur des tuyaux, le diamètre et
« la salure des eaux.

« La cause connue, je fis des voyages dans le sud-est
« pour examiner des conduites d'eau. Après deux ans
« d'études et analyses chimiques, j'arrivai à cette loi gé-
« nérale :

« 1° Dans les conduites d'eau en fonte de fer, il n'y a

« jamais de rugosités ou tubercules, lorsque les eaux sont
« légèrement limoneuses ou vaseuses. Il se forme dans
« l'intérieur du tuyau, à sa surface, un enduit qui détruit
« les effets de la pile.

« 2° Lorsque le litre d'eau évaporée à siccité donne
« $0^{gr},22$ à $0^{gr},25$ de résidu (sels anhydres), il n'y a jamais
« de tubercules.

« 3° Lorsqu'un litre d'eau donne plus de $0^{gr},25$ de sels
« anhydres, il se forme dans les tuyaux une incrustation
« calcaire.

« 4° Toutes les fois que les eaux contiennent depuis
« 0^{gr} jusqu'à $0^{gr},22$, il y a toujours formation de tuber-
« cules. Ma correspondance en Europe et dans l'Amérique
« centrale n'a pas rencontré d'exceptions.

« Après vingt-cinq ans de jouissance, le volume des
« eaux à Grenoble étant insuffisant, on a fait des conduites
« en ciment de la porte de France. Le succès a été com-
« plet et nous en sommes très-satisfaits. Plus d'accidents,
« plus de tubercules.

« Je dois ajouter que dans ma dépense de 392,000 fr.
« se trouve comprise celle de notre joli Château-d'Eau, et
« les autres fontaines monumentales. Le Château-d'Eau a
« coûté 50,000 fr. Je ne sais où l'on a puisé le chiffre de
« 800,000 fr.

« Telle est l'histoire de nos fontaines. Les tubercules
« m'ont donné bien du chagrin ; mais personne dans les
« corps savants n'avait prévu un pareil accident. »

Ainsi donc, nous n'avions pas eu tort de comprendre
Grenoble parmi les villes alimentées avec succès par des
sources.

Quant à l'eau de la Dhuis, elle se trouve précisément
dans les conditions les plus favorables pour éviter les incrustations. On ne pouvait mieux tomber, et M. Jolly
nous a rendu un vrai service en nous mettant dans

le cas de demander et d'obtenir du savant ingénieur de Grenoble la note intéressante qu'il a bien voulu nous envoyer.

Continuant tantôt à s'apitoyer *sur nos erreurs et sur les chagrins que nous nous préparons*, tantôt à nous faire la leçon sur toute espèce de matières, histoire, art, chimie, physique, hydraulique, grec, latin, etc., M. Jolly arrive enfin à un sujet, *la question de droit*, qui semble le trouver en défaut ; aussi il débute ainsi : *Étranger à l'étude des lois*, etc., etc.

Mais nous ne nous sommes pas laissé prendre à cette apparence d'humilité ; nous étions bien sûr que M. Jolly traiterait la question de droit *avec non moins d'assurance* et aussi dramatiquement que la question sentimentale des tombes des deux bataillons de volontaires.

Après avoir donné sa théorie en matière de propriété des eaux, théorie qui, par parenthèse, a fait sourire les vrais jurisconsultes auxquels nous l'avons exposée, M. Jolly nous montre la Champagne tout entière « *volée de ses* « *eaux* et *menacée de mourir de soif*, c'est-à-dire privée de « tous ses moyens d'existence, en la rayant de la carte de « France, après l'avoir vue, depuis soixante ans, donner « le plus admirable exemple de fertilisation d'un sol qui « avait été frappé de stérilité et d'un discrédit populaire « pendant des siècles (1). »

Qui croira qu'une contrée sera vouée à un si triste sort, parce qu'on sera venu lui *acheter* quelques sources qu'elle a vendues volontairement à beaux deniers comptants ?

Voyons d'abord ses prairies.

Nous doutons, Monsieur Jolly, que vous soyez allé récemment sur les lieux, et, bien que vous ayez reçu le

---

(1) Comme il convient de rendre à César ce qui est à César, nous devons faire remarquer que ce beau passage du factum de M. Jolly, ainsi que beaucoup d'autres, est aussi tiré du mémoire de M. Fulgence Maillard.

jour en Champagne, bien que vous ayez écrit, il y a quarante-deux ans, une *Topographie physique et médicale de Châlons, ouvrage couronné par la Société académique de Châlons en* 1819, je parierais que vous n'avez pas vu les prairies dont il s'agit.

Eh bien! nous qui les avons vues, nous pouvons vous assurer que ces prairies ne reçoivent pas une goutte d'eau de la Dhuis. Cette petite rivière coule au fond de la vallée, et il n'a jamais été fait de travaux quelconques pour arroser de ses eaux les prairies qu'elle borde; en un mot, on ne s'est jamais avisé de faire des irrigations avec la Dhuis. Quel tort peut donc faire aux prairies, nous ne dirons pas la suppression, mais la réduction du cours de la Dhuis?

En effet, ce cours ne sera pas entièrement supprimé, pas plus qu'on ne supprimerait la Seine et la Marne en détournant leurs sources; par une raison bien simple : tous les cours d'eau sont au fond des vallées, et ils reçoivent, chemin faisant, toutes les sources qui surgissent des coteaux. On ne fait pas cent pas le long d'une rivière comme la Dhuis sans rencontrer une source qui s'y rend.

Lorsque l'on doit faire quelques travaux dans le lit d'une rivière et qu'on veut la détourner, presque toujours on est dérangé par des sources qui apparaissent au fond même ou sur les bords de son lit.

Les prairies qui longent la Dhuis ne doivent leur fertilité qu'à leur position; elles reçoivent toutes les eaux pluviales qui descendent du coteau et celles des sources qui s'y montrent; mais, pour celles-ci pas plus que pour la Dhuis, on n'a fait le moindre effort pour utiliser leurs eaux.

Nous sommes en droit d'en conclure que la dérivation de la source de la Dhuis n'aura aucune influence sur les prairies de ce vallon.

Passons aux moulins à farine.

Nous convenons qu'il y en a sept entre la source de la Dhuis et le moulin de Condé. Le premier, celui de la source, a été payé un prix qui a fait la fortune de son propriétaire. Celui-ci, comme on dit dans les campagnes, se promène la canne à la main, et nous pouvons garantir à M. Jolly qu'il ne se plaint nullement de cette transaction. S'il le faut, la Ville achètera les six autres, et nous pouvons encore rassurer M. Jolly à cet égard, cette acquisition ne ruinera pas la ville de Paris. Mais nous allions oublier la Champagne, qui sera privée de sept moulins.

Nous ne voulons pas prendre la chose au sérieux et nous écrier, comme on le fait dans une autre brochure : *Où irons-nous chercher des farines ?* mais nous dirons que les moulins voisins ne seront pas fâchés (n'étant pas achetés un bon prix) d'avoir à moudre un peu plus de seigle et d'orge, dussent les valets de meunier faire un peu plus de chemin qu'auparavant pour desservir le pays ainsi déshérité. Et puis enfin comment donc font les pays qui n'ont pas de moulins à eau? comment faisait Paris dans le temps jadis? Il avait les moulins de Montmartre.

Nous prendrons votre eau, Monsieur Jolly! prenez nos moulins à vent.

Il me reste à me tirer d'affaire avec les scieries et les papeteries ; mais ici j'ai une petite observation. Le pluriel est de trop pour ces deux industries, qui d'ailleurs n'existent en aucune façon sur la Dhuis, dont il est seulement question en ce moment.

Nous ne connaissons qu'une scierie et une papeterie. Pour la scierie, quand on l'aura achetée (si tant est que cela soit nécessaire), il restera au pays la ressource des scieurs de long, industriels qui se transportent très-volontiers, même à de grandes distances, parce qu'on leur donne toujours de l'ouvrage pour un temps assez long.

Reste la papeterie. En vérité, nous ne saurions nous

apitoyer sur un département, parce qu'il sera privé de sa papeterie. Il y a tout au plus vingt départements dans lesquels il existe des papeteries; si le département de la Marne perd la sienne, ce dont nous nous permettons de douter très-fort, les belles industries de ce département trouveront facilement du papier de toutes sortes dans le département des Vosges qui en exporte pour près de 2 millions, ou dans celui de Seine-et-Marne, qui en fait pour plus de 1,500,000 fr.

En nous résumant sur cette partie des critiques de M. le docteur Jolly, nous ne voyons pas comment il a pu se décider à dire que la ville de Paris allait *priver une contrée de tous ses moyens d'existence.* Cette façon de raisonner nous paraît vraiment dépasser toutes les limites de l'exagération, et cependant elle nous rappelle cette autre phrase que nous avons lue quelque part :

« Paris, nous le reconnaissons, a de grands besoins; « mais n'est-ce pas assez de nos produits, lui faut-il en- « core les filets d'eau qui arrosent notre sol? »

Nous voudrions bien savoir qui perdrait au change, si, par impossible, la ville de Paris disait un jour à la ville de Châlons, par exemple : Hé bien, soit, nous ne prendrons pas vos eaux, mais aussi nous cesserons de prendre *vos produits,* c'est-à-dire vos vins. Nous boirons le champagne fait en Bourgogne, en Touraine, en Anjou, dans le Bordelais.

Il n'en sera point ainsi. Paris continuera à boire votre vin, parce qu'il est excellent, et boira aussi vos eaux, parce qu'elles sont fort bonnes, et il vous en restera plus que vous n'en pourrez utiliser; nous vous le garantissons.

Nous avons déjà eu occasion de faire remarquer le ton tranchant qui domine dans la lettre de M. le docteur Jolly, mais nous ne savons pas comment qualifier le passage suivant qui passe toute mesure : « *Vous avez invoqué des* « *témoignages que j'ose à peine vous rappeler, tant ils sont*

« *insignifiants, tant ils ont peu de valeur, quand ils ne sont*
« *pas complétement erronés.* »

Profondément ému de voir que de pareilles expressions
étaient tombées de la plume de M. Jolly, nous nous
sommes demandé si la commission d'enquête n'avait pas
admis, par mégarde, des témoignages peu dignes de la gravité du sujet et de la mission qu'elle avait à remplir. Nous
avons été promptement rassuré.

Les témoignages invoqués par la commission lui sont
venus de personnes qui peuvent braver le dédain de
M. Jolly. Ce sont des collègues de M. Jolly à l'Académie
impériale de médecine, ou des correspondants de cette
académie, ou de l'Académie des sciences. Ce sont des ingénieurs en chef des ponts et chaussées ou des mines ; des
présidents ou secrétaires d'importants conseils d'hygiène ;
des membres du conseil de santé de la guerre ou de la
marine ; enfin des institutions d'hygiène publique jouissant
d'une réputation européenne. Si haut placé que soit M. le
docteur Jolly parmi les hommes de science, nous ne lui
reconnaissons pas le droit de juger les autres avec cette
aigreur qui pourrait être qualifiée sévèrement.

Dans ce qui précède nous avons répondu à M. le docteur
Jolly pour les objections étrangères à la médecine. Nous
arrivons maintenant à la grosse question des maladies que
les eaux de la Champagne portent avec elles et dont elles
vont prochainement infester la population de Paris.

Dans la discussion des questions d'art, de chimie, d'hydrologie, nous avons pu, à la rigueur, contester la compétence d'un médecin qui n'a pas fait une étude spéciale de
ces matières ; mais, lorsqu'il s'agit de maladies, c'est tout
autre chose, et c'est à nous que peut revenir désormais le
reproche d'incompétence. Nous pourrions même paraître
d'autant plus faible, que notre adversaire est une autorité
plus imposante en médecine ; il est sur son terrain et parle

en maître : *Les plus simples notions de pathologie vous auraient appris que le goître n'affecte que par exception les
hommes*, etc.

Comme on voit, le docteur Jolly ne nous ménage pas ;
suivant lui, nous ne possédons pas *les plus simples notions
de pathologie*. Heureusement, le coup ne peut nous atteindre. Il porte plus loin et plus haut. Le docteur Jolly
semble l'avoir oublié, ce qui n'est pas excusable, puisque
cela est dit en toutes lettres dans le rapport.

Il y avait dans la commission d'enquête, coupables de ne
pas posséder *les plus simples notions de pathologie*, outre nous-
même, deux autres collègues de M. le docteur Jolly ; deux
médecins, membres, comme lui, de l'Académie impériale
de médecine ; l'un doyen de la Faculté, l'autre inspecteur général des services sanitaires ; il y avait enfin un
troisième docteur, membre du conseil de santé des armées,
vieilli dans la pratique de l'art et qui a pu observer non-
seulement dans toutes les parties de l'Europe, mais aussi
en Afrique.

Comment M. le docteur Jolly a-t-il pu jeter à la face de
ces confrères distingués *que, s'ils avaient possédé les plus
simples notions de pathologie*, ils n'auraient pas parlé comme
ils l'ont fait ?

Mais nous ne voulons engager que nous-même dans
cette querelle médicale. Nous dirons, à notre tour, à M. le
docteur Jolly : « Si vous aviez possédé les plus simples no-
« tions de pathologie en matière de goître, vous vous
« seriez bien gardé d'être aussi tranchant. »

Vous avez cru pouvoir vous fier à cette espèce d'omni-
potence que vous avez vis-à-vis d'un adversaire qui n'a
pas l'honneur d'être médecin. Vous vous êtes égaré. Il
n'est pas nécessaire d'être médecin pour opposer une autorité médicale à une autre autorité médicale. Quelle que
soit la vôtre, on peut en trouver à lui opposer. D'ailleurs,

pouvez-vous ignorer qu'il est bien peu de questions médicales sur lesquelles les hommes les plus forts et les plus calmes se soient mis d'accord? Croyez-vous donc que vos opinions sur le goître et sur son étiologie sont admises par tous les médecins? En vérité, je vous admire. Il semble qu'il n'y ait plus rien à dire quand vous avez posé en aphorisme : *Rien n'est plus vrai; c'est l'eau de cette contrée qui donne lieu à des endémies de goître, à des caries dentaires, et même à des affections organiques de l'estomac* (1).

Cependant, bien que vous soyez du pays et compatriote (c'est vous qui le dites) de Jeanne d'Arc, de Turenne, d'Ablancourt, de la Fontaine, de Royer-Collard, etc., bien que vous ayez écrit une *Topographie physique et médicale de la ville de Châlons;* bien que vous *ayez pris la peine d'aller sur les lieux mêmes pour y prendre des renseignements,* vous avez cru devoir étayer votre opinion de celle de deux honorables praticiens. Mais voyez un peu quelle est la puissance de la préoccupation.

En effet, de quoi s'agit-il dans le rapport dont vous combattez les conclusions avec tant de vivacité? des eaux de la Dhuis. — De quelles eaux nous parlent les deux honorables médecins qui vous ont répondu? des eaux de la Dhuis. — Or voici ce qu'on lit dans leurs lettres : *Il y a du moins un fait certain et qui est à l'abri de toute discussion, c'est que personne, les deux moulins de la source exceptés, ne fait usage des eaux de la Dhuis. — Mais, si on les goûte (car rappelez-vous bien qu'on ne les boit pas), on les trouve fades.*

Un autre médecin, non moins digne de foi, s'exprime ainsi :

« 1° . . . . ;

---

(1) Dans un autre passage, M. Jolly s'exprime ainsi : « Ils n'en sont pas moins « le fruit (les goîtres) bien manifeste, bien évident de l'usage des eaux des « sources crayeuses de la Champagne, et je n'ai plus besoin de rien ajouter ici « aux preuves que j'en ai données pour vous convaincre. »

« 2° Que les eaux des puits qui sont creusés dans le banc
« de craie et qui fournissent des principes fixes incompa-
« rablement plus abondants que les eaux des puits forés
« dans le terrain d'alluvion de la vallée *donnent un nombre*
« *plus considérable de goîtreux que dans les villages bâtis*
« *sur un cours d'eau;*

« 3° Que, dans les localités où les habitants *puisent dans*
« *le ruisseau même l'eau qu'ils boivent, le goître est à peu près*
« *inconnu, etc., etc.* »

Voilà pourtant ce que M. le docteur Jolly a considéré
comme des arguments irrésistibles en faveur de la menace
terrible qu'il adresse à la population de Paris !

Ainsi donc, de par les autorités mêmes, qu'il invoque, *on
ne boit pas une goutte d'eau de la Dhuis.* Ce n'est donc pas
l'eau de la Dhuis qui donne le goître le long de son
cours.

Mais ce n'est pas tout. On parle de goîtres qui existe-
raient *dans les villages* traversés par la Dhuis. Or 1° la Dhuis
ne traverse qu'*un seul village* avant d'arriver à Condé, c'est
Pargny; 2° nous défions qui que ce soit de nous montrer
un seul goîtreux dans les habitations qui bordent la Dhuis,
depuis sa source jusqu'à Condé.

M. Jolly est allé sur les lieux; nous aussi et même deux
fois. Nous parlons donc de la Dhuis *de visu.* Une fois entre
autres, c'était un dimanche; nous sommes resté plusieurs
heures dans le village, prenant plaisir à en faire les vues
avec un appareil photographique. Les habitants nous en-
touraient; nous avons causé avec eux; nous les avons in-
terrogés; pour eux, toute cette histoire de goître, de carie
des dents, d'affections de l'estomac est une fantasmagorie
qui les fait rire.

Cependant, ne voulant pas nous en fier à notre seule
appréciation, nous avons fait faire une enquête sur les
lieux; la voici tout entière :

Château-Thierry, le 6 octobre 1861.

« Monsieur ,

« J'ai parcouru, le 3 octobre 1861, la vallée de la Dhuis,
« que je parcours depuis sept ans et les villages qui y sont
« situés.

« Je me suis abouché avec les personnes qui font con-
« stamment usage des eaux de la Dhuis, principalement à
« Pargny, et aucune d'elles, pourvues, du reste, de beaux
« et solides râteliers, n'a entendu dire que ces eaux aient
« une influence destructive sur l'état dentaire. Quelques
« maisons font usage de cidre et de boissons faites avec
« des pommes et autres fruits ; et, parmi les personnes qui
« en font usage, toutes n'ont certainement pas de très-
« bonnes dents, mais on ne remarque pas qu'elles soient
« là plus mauvaises qu'ailleurs.

« Les habitants de Pargny, hommes, femmes et jeunes
« filles, qui font un usage journalier des eaux de la Dhuis,
« ont généralement de très-bonnes dents ; qualité d'autant
« plus à apprécier, qu'il est reconnu que presque tous les
« riverains d'un cours d'eau quelconque sont sujets aux
« fraîcheurs et, par suite, aux maux de dents.

« Malgré mes démarches et mes recherches, je n'ai pu
« trouver un seul goîtreux dans toute la vallée de la
« Dhuis, et M. Le Nicolais, officier de santé, a dit, le
« 10 septembre 1861, devant M. Guipon, médecin en-
« voyé par M. Jolly pour lui faire un rapport, et moi,
« qu'il n'en connaissait pas dans le canton de Condé.

« Le village de Pargny, formé de vingt-cinq à trente
« maisons, ne possède que sept puits, et c'est une erreur
« de croire qu'ils sont alimentés par la même nappe d'eau

« que les sources de la Dhuis. On préfère, à Pargny,
« l'eau de la Dhuis à celle des puits.

« L'eau des puits cuit mal les légumes secs, dissout mal
« le savon et n'est pas digestive.

« Quelques habitants de Pargny ont été conduits à se
« construire des puits pour deux raisons :

« La première, selon moi la meilleure, est que, dans les
« temps de pluie, les eaux des ravins d'Artonges et des
« autres branches en amont du bassin sourcier du ravin
« principal de la Dhuis viennent se mélanger, troubles et
« sales, en avant du moulin de la source, aux eaux
« claires et limpides des sources de la Dhuis. Alors, dans
« ce moment, on conçoit que l'eau des puits soit pré-
« férée.

« La deuxième est que lorsqu'on est pressé d'eaux pour
« lavages et boissons, presque jamais pour cuire les
« légumes secs, on puise l'eau des puits situés, moyenne-
« ment, à une distance de 200 mètres du ruisseau de la
« Dhuis.

« En résumé, la bonne qualité des eaux de la Dhuis ne
« peut être un seul instant mise en doute, et les résultats
« de l'enquête que j'ai faite à ce sujet, les 21 et 22 sep-
« tembre 1861, suffiront, je pense, Monsieur, pour vous
« mettre à même d'apprécier la valeur des assertions de
« MM. Le Nicolais et Jolly, dont l'inexactitude ressort avec
« tant d'évidence des certificats que je vous ai remis, le
« 23 septembre 1861, du maire et de tous les habitants
« présents de la commune de Pargny. »

Nous joignons à cette enquête quelques-uns seulement
des certificats qui l'accompagnent.

« Je, soussigné, Prince-Napoléon Colmont, propriétaire

« dans la commune de Pargny depuis cinquante ans et
« maire de cette commune depuis huit ans, atteste et cer-
« tifie que l'usage que j'ai fait, pour mes besoins personnels,
« des eaux des sources de la Dhuis ne m'a produit
« aucun mal ni malaise.

« J'atteste, en outre, n'avoir jamais entendu dire ni
« connu que des personnes de la commune se soient
« trouvées indisposées par suite de l'emploi des eaux de
« la Dhuis, qui, du reste, sont préférées généralement par
« les habitants de Pargny pour la cuisson des légumes
« secs et des savonnages, attendu qu'elles dissolvent par-
« faitement bien le savon employé à cet usage.

« L'emploi des eaux de la Dhuis, comme boisson, a
« aussi été préféré par les habitants de Pargny. »

A Pargny, le 22 septembre 1861.

COLMONT.

« Le soussigné Pierre-Antoine Brajon, déclare et certifie
« qu'il a habité, pendant trente-cinq ans, le moulin des
« Sources de la Dhuis, et que, durant ce temps, il a con-
« tinuellement fait usage, lui et les ouvriers qu'il occupait
« journellement, des eaux de la Dhuis, sans avoir reconnu
« qu'elles aient produit aucun malaise ni maladie, même
« quand, par suite de grandes chaleurs et du travail
« manuel, il y avait abus dans la boisson de ces eaux par
« les ouvriers.

« Il certifie, en outre, que ces eaux étaient très-bonnes
« pour la cuisson des légumes secs, etc., et qu'en outre
« cette eau était très-bonne pour les chevaux qui en ont
« toujours fait usage. »

A Pargny, le 21 septembre 1861.

BRAJON.

« Nous, soussignés, tous habitants de la commune de
« Pargny, certifions que nous préférons, pour notre usage
« personnel, les eaux de la Dhuis à celles de nos puits, la
« trouvant préférable pour la cuisson des légumes secs,
« savonnages, boisson, etc.

« Nous certifions, en outre, que l'emploi de cette eau
« ne nous a jamais produit aucun malaise ni maladie, et
« que nous n'avons jamais entendu personne se plaindre
« de son emploi. »

A Pargny, le 22 septembre 1861.

Suivent, au nombre de vingt-six, les signatures des principaux habitants de Pargny.

Ces témoignages, joints à celui de MM. les ingénieurs qui fréquentent le pays pour les études du projet et le nôtre enfin, pourraient suffire sans doute pour convaincre des esprits sans prévention; mais telle n'est pas la disposition de nos adversaires.

En conséquence, nous avons cru devoir pousser plus loin encore la démonstration de l'innocuité des eaux de la Dhuis.

M. Poggiale a procédé à l'analyse de cette eau dans le laboratoire du Val-de-Grâce, avec tous les soins qu'exigent ces opérations délicates. L'analyse a été rapportée plus haut avec détail.

On y voit un curieux rapprochement entre l'eau de la Dhuis et celle de la Seine. Ce rapprochement donne une nouvelle preuve de ce qui avait déjà été démontré par les analyses précédentes (1), savoir que l'eau de la Dhuis a presque exactement la même composition que l'eau de la

---

(1) Voir les analyses dans le *Rapport de la commission d'enquête.*

Seine ; elle l'emporte même sur celle-ci sous certains rapports. Premièrement, l'eau de la Dhuis ne contient que de faibles traces de matières organiques dont l'eau de la Seine se trouve souvent chargée par suite de son mélange avec les impuretés que lui amènent les pluies, les égouts et les usines.

Deuxièmement, l'eau de la Dhuis n'a rien ou à peu près rien à souffrir de l'influence des saisons ; tandis que l'eau de la Seine, plus pure à la vérité, chimiquement, en hiver, mais alors plus ou moins trouble, se concentre, en été, jusqu'au point d'avoir quelquefois l'apparence de l'eau des égouts. C'est ainsi que M. Poggiale a trouvé que le résidu solide de l'évaporation , qui n'était que de $0^{gr},190$ le 11 mars, était, au contraire, de $0^{gr},276$ le 4 août.

Nous avons pu nous-même nous convaincre de la réalité de ces différences, en comparant les deux eaux le 15 septembre dernier. Tandis que l'eau de la Dhuis ne donnait que 22 à 23 degrés à l'hydrotimètre, l'eau de la Seine, filtrée deux fois, donnait jusqu'à 24 degrés. On ne lui a trouvé plusieurs fois, à d'autres époques de l'année, que 17, 18 et 19 degrés.

Nous croyons pouvoir considérer comme un très-grand avantage cette constance de composition de l'eau de la Dhuis, puisqu'il est surabondamment démontré que l'on ne passe pas impunément de l'usage d'une certaine eau à l'usage d'une eau différente.

Que dirons-nous maintenant de cette singulière prétention qui consiste à assimiler les eaux de la Dhuis *à celles des puits creusés à une certaine distance de son cours.* A la rigueur, nous aurions pu renvoyer l'auteur de cette assimilation à la notoriété publique, qui ne laisse subsister aucun doute à cet égard. On sait assez que les puits, même ceux qui sont creusés à quelques pas des rivières, donnent une eau qui diffère beaucoup de celle de cette rivière. On ne trouverait que bien peu d'exemples du contraire. Mais nous avons voulu que chacune de nos réponses se trouvât accompagnée de sa preuve. En conséquence, nous avons puisé de l'eau dans chacun des sept puits qui existent à Pargny.

Voici les degrés hydrotimétriques de ces sept espèces d'eau que nous aurions pu juger à l'instant même par ce seul fait que toutes, une excepté, forment d'abondants grumeaux quand on y mêle la dissolution de savon.

DEGRÉS HYDROTIMÉTRIQUES DES EAUX DE PUITS DE PARGNY.

Puits de M. Motté cadet.	26 degrés.
Puits de M. Verneau.	28
Puits de M. Verneau Noël.	76
Puits de M. Bichoir.	70
Puits de madame veuve Lebon.	50
Puits de M. Goret.	45

Puits du presbytère, $0^{gr},138$ de sulfate de chaux par litre.

Comme on voit, l'enquête faite à Pargny était dans le vrai, lorsqu'elle disait : *L'eau des puits de Pargny cuit mal les légumes secs, dissout mal le savon et n'est pas digestive.*

Il est cependant remarquable que deux des puits de Pargny approchent beaucoup, par la qualité de leurs eaux, de l'eau de la source elle-même. En effet, au moment où l'eau de la source marquait 23° hydrotimétriques, deux puits marquaient seulement 26 et 28 degrés.

Il ne nous paraît pas inutile d'expliquer ici une contradiction apparente entre M. Le Nicolais, qui affirme qu'on ne boit pas une goutte de l'eau de la Dhuis, si ce n'est dans les deux moulins de la source, et l'enquête, qui établit que l'on boit le plus souvent de cette eau.

M. Le Nicolais a eu surtout en vue les habitants du

coteau et ceux des plateaux qui, en effet, ne se donnent jamais la peine de descendre jusqu'à la Dhuis pour y puiser de l'eau. L'enquête, au contraire, ne s'est occupée que des habitants des moulins et du village de Pargny, qui emploient tantôt l'eau de la Dhuis, tantôt l'eau des puits, suivant les circonstances.

En résumé, nous voyons ressortir clairement, aussi bien des témoignages invoqués par M. le docteur Jolly lui-même que de notre enquête, cette incontestable vérité que l'usage des eaux de la Dhuis n'a jamais donné le goître.

Si, plus tard, la ville de Paris doit dériver d'autres eaux, nous sommes dès à présent en mesure de répondre à ceux qui prétendraient trouver des inconvénients à ces dérivations, tant au point de vue hygiénique que sous tout autre rapport.

Par exemple, M. le docteur Jolly parle du village de Vatry, où l'on ne boit que de l'eau de puits et parmi les habitants duquel on compterait 18 cas de goître.

Nous sommes en mesure de parler de ce village ; nous nous y sommes rendu ; nous avons vu des goîtreux ; nous avons rapporté des eaux de ses puits et aussi de l'eau de la Soude qui traverse le village ; mais ce n'est point ici le lieu d'entamer cette discussion. Nous ne dirons que deux mots :

Il y a à Vatry un moulin où l'on ne boit que de l'eau de la Soude, et aucun des habitants de ce moulin n'a la moindre apparence de goître.

Or, si nous allons chercher de l'eau dans cette contrée, ce n'est pas l'eau des puits apparemment ; et l'eau de la Soude ne donne pas le goître. Entendez bien cela.

Après Vatry vient Longevat, près de Châlons, où se trouveraient huit femmes goîtreuses sur une population de 60 habitants, soit ; nous ne sommes point allé à Longevat, mais, à la suite de cette citation, vous nous donnez une lettre de

M. L. Chevillan, qui répète plusieurs fois, afin que vous n'en ignoriez : *En général, les eaux de puits sont les seules que l'on boive dans une grande partie de nos villages de Champagne. — Nos eaux de puits dont on fait un usage à peu près exclusif dans les campagnes*, etc.

Or je vous répète aussi moi, et je vous répéterai jusqu'à ce que vous vous déclariez convaincu, que jamais personne n'a eu et n'a pu former le ridicule projet d'amener à Paris *des eaux de puits*, et si, par impossible, les eaux de source qu'on a désignées comme pouvant être dérivées sur Paris en raison de leur altitude se trouvaient avoir les défauts des eaux de puits, on les délaisserait à l'instant, dût-on se résigner à les remplacer par l'eau de la Seine.

Maintenant, je prévois sans peine votre objection : *Et ces eaux de drainage dont il est question dans les mémoires de M. le préfet?*

Je vous assure que votre objection ne m'embarrasse guère. Si les sources dès à présent acquises par la Ville et dont la richesse ne saurait plus être mise en doute après une année comme celle-ci ne suffisent pas à la ville de Paris, dans dix ans, vingt ans, cinquante ans peut-être, on essayera ces drainages avec la prudence et la sagesse qui président à tous les travaux entrepris et exécutés par l'illustre corps des ponts et chaussées. Si les eaux provenant de ces drainages ne valent rien, on y renoncera et l'on avisera.

Croyez-vous donc l'administration de la ville de Paris, à quelque époque que vous la preniez, assez légère, assez insouciante pour aller jeter des millions dans une opération douteuse? C'est après huit années d'études sévères qu'on s'est décidé pour la dérivation de la Dhuis.

Rassurez-vous, les drainages du plateau calcaire de la Champagne ne seront entrepris qu'à bon escient. Et que diriez-vous si je vous indiquais un lieu où il existe un de ces drainages, qui fonctionne avec le plus grand succès depuis plusieurs années ; qui remplit d'eau de charmants bassins creusés sur la pente d'un coteau, et alimente une superbe habitation où personne, jusqu'à présent, n'a vu ni grossir son cou, ni tomber ses dents, ni diminuer son appétit? J'ai vu tout cela ; mais permettez-moi de garder le silence jusqu'au moment où je jugerai à propos de le rompre. J'espère qu'il se trouvera bon nombre de personnes qui me croiront sur parole.

M. le docteur Jolly revient avec complaisance sur un certain certificat rédigé en 1746 par cinq médecins de l'ancienne faculté de Reims. En vérité, il faut n'être pas difficile pour s'appuyer sur une pareille pièce, qui attribue, sans plus de façon, aux eaux de puits *les goîtres, les scirrhes* (squirrhes, sans doute), *les cancers, les écrouelles, les loupes, les mélicéris, les stéatomes, et généralement toutes les maladies comprises dans la classe des humeurs froides.*

Les vénérables docteurs de 1746 ont oublié, sans doute, les *caries dentaires, les affections organiques de l'estomac* et la *cataracte ;* c'est dommage, et nous trouvons que la nouvelle école a été bien modeste en se contentant de mettre le goître seulement sur le compte *des eaux de source ;* car, il faut bien le remarquer, ce que l'ancienne faculté reproche aux *eaux de puits,* la nouvelle le reproche *aux eaux de source.*

Voici son texte : « Cette diminution graduelle du goître « à Reims, au fur et à mesure que l'eau de la Vesle y a « été plus largement distribuée, s'accorde trop bien avec « toutes les données de la science moderne et de l'obser- « vation médicale, pour que l'on ne doive pas mettre hors « de doute l'influence des *eaux de source* sur la production « du goître. »

Est-ce une simple erreur de rédaction, soit en 1746, soit en 1861? Je ne sais ; mais ce que je crois avoir appris à Reims même, où je suis allé aussi étudier la question, c'est qu'il n'existe aucune source à Reims. Par conséquent, si, en effet, la substitution de l'eau de la Vesle aux anciennes eaux a eu pour résultat de diminuer le nombre des goîtreux, c'est à la suppression de l'emploi des *eaux de puits* qu'il faut attribuer ce bon effet et non à la suppression de l'usage des *eaux de source.* Or, comme ce sont des eaux de source que nous prétendons conduire à Paris, et non des eaux de puits, votre exemple de Reims ne prouve absolument rien.

Mais nous avons une autre observation à faire au sujet de la *délibération des professeurs de l'école de médecine de Reims.* Nous serions curieux de savoir où et à quel propos les professeurs se sont réunis pour rendre cet arrêt.

Nous avons aussi nos renseignements sur Reims, et voici ce qui nous est écrit le 5 novembre :

« Tous les savants qui *affirment* la moindre chose en un
« pareil sujet se laissent aller à une tendance des plus
« fâcheuses. On déclare au public une *théorie* du goître
« avec la même hauteur et la même solennité que la théorie
« de l'oxydation des métaux. Comme si le goître avait une
« théorie ! comme si les assertions à son égard étaient
« rien de plus qu'une *supposition d'homme du monde,* une
« vaine et quelquefois bien pauvre hypothèse !

« La soi-disant *délibération des professeurs de l'école de
« médecine de Reims* ressemble fort à ces déclarations
« pseudo-scientifiques.

« Les eaux de source dont il est parlé dans cette *pré-
« tendue délibération* sont tout simplement des *eaux de
« puits.* »

Quant aux magiques eaux de la Vesle, ce que j'en ai vu s'accorde parfaitement avec la description qui se trouve dans un travail remarquable sur les eaux de la Ville, adressé à M. le maire de Reims.

« Même au-dessus de Reims, au Château d'eau, la Vesle
« est trouble dans tous les temps ; elle charrie des détritus
« végétaux abondants et quelques matières animales, dont
« le dépôt forme une vase épaisse : au moment des
« grandes chaleurs, cette vase devient le siége d'une fer-
« mentation active, et, si on l'agite, il s'en dégage avec
« tumulte un volume considérable de gaz peu odorants.
« L'eau présente une odeur et une saveur un peu maré-
« cageuses ; elle est légère, douce, plutôt fade que piquante
« ou amère. »

Pour qu'une pareille eau fût préférée par les habitants
de la ville de Reims, il fallait que les eaux de puits fus-
sent bien mauvaises. Voici, en effet, la conclusion du travail mentionné ci-dessus, en ce qui concerne les eaux de
puits :

« La quantité des sels minéraux contenus dans l'eau des
« puits de Reims est faible en général et ne pourrait
« exercer d'action fâcheuse sur la santé. Les mauvaises,
« celles dont les médecins de 1746 ont si vivement re-
« tracé les effets, doivent leurs qualités *délétères* à des ma-
« tières organiques accidentelles, c'est-à-dire amenées par
« les infiltrations des eaux ménagères, des eaux de tein-
« ture, et *des fosses d'aisances* mal construites, des
« sources, etc. »

Mais j'en reste là pour Reims.

Une discussion plus approfondie sur les eaux de cette
ville tiendrait trop de place ici ; elle viendra ailleurs.

Nous avons démontré plus haut qu'il *n'y a pas de goîtreux, ni plus qu'ailleurs de caries dentaires ou d'affections
de l'estomac* dans la population qui fait un usage exclusif,
soit des eaux de la Dhuis, soit même des eaux des puits
voisins de sa source ; c'est tout ce qu'il nous faut pour le
moment.

Ne pouvons-nous pas en dire tout autant de la carie des

dents et des affections organiques de l'estomac? M. Le Nicolais s'exprime ainsi à cet égard : « Nous avons des affec-
« tions organiques....., des chloroses, même chez les
« hommes ; faut-il les attribuer à l'eau ou à la mauvaise
« alimentation des campagnards? Je vous le demande. »

Est-ce assez clair? M. Le Nicolais ne demanderait pas mieux que d'abonder dans le sens de son confrère, M. le docteur Jolly ; mais sa conscience le retient, et, en honnête homme, il dit : *je vous le demande*. M. le docteur Jolly, lui, n'hésite pas ; il affirme : *rien n'est plus vrai*.

Mais ici nous n'avons qu'à choisir entre les autorités médicales, pour prouver à M. le docteur Jolly qu'il est à peu près seul de son opinion. Ouvrez tous les traités de pathologie, tous les dictionnaires de médecine, et, si vous avez *les plus simples notions de pathologie*, vous apprendrez que la plus grande incertitude règne encore sur la part qu'il serait possible d'attribuer à l'eau dans la production de la carie des dents et dans le développement des affections organiques de l'estomac.

Les influences auxquelles on pourrait attribuer la naissance de ces maladies sont tellement multipliées, tellement complexes, qu'aucun auteur n'a osé se prononcer à cet égard, et, ce qui ressort de plus probable de leurs études et de leurs conjectures, c'est le contraire de ce qu'affirme M. le docteur Jolly : les eaux ne joueraient qu'un rôle peu important dans le développement des trois affections qu'il leur attribue.

Voici, en effet, comment s'expriment des médecins dont l'autorité se fonde sur une étude approfondie de l'étiologie de ces maladies (1) :

______

(1) *Étiologie*, partie de la médecine qui a pour objet l'étude des causes des maladies.

M. Rullier (*Dictionnaire des sciences médicales, Panckoucke,
en 60 volumes, 1817*).

« *Causes du goître.* — On ignore entièrement quelle est
« la cause immédiate ou prochaine du goître. Un voile
« impénétrable couvre le principe de l'aberration qui sur-
« vient alors dans la nutrition du corps thyroïde et, par
« suite, dans sa composition organique. C'est donc une
« vaine hypothèse de faire consister cette affection tantôt
« dans l'engorgement ou l'oblitération des conduits sécré-
« toires, que quelques-uns se plaisent encore à supposer
« dans la thyroïde, tantôt dans la stase du sang qu'y ré-
« percuteraient, chez la femme en particulier, la grossesse
« et la suppression des menstrues. Quelques-uns assignent
« encore pour cause à certains goîtres, mais avec aussi
« peu de fondement, l'usage des eaux crues, séléniteuses,
« chargées de sels calcaires, qui déposeraient sur la thy-
« roïde les concrétions analogues que présente quelque-
« fois l'engorgement de cette partie. Il en est de même
« enfin du prétendu passage de l'air qui aurait lieu par
« certains canaux, de la trachée-artère dans le parenchyme
« thyroïdien, à la suite des cris et des efforts violents. *Au-*
« *cune de ces causes ne soutient le plus léger examen*, et toutes
« répugnent plus ou moins aux lumières de la saine ana-
« tomie ou de la physiologie.
« Diverses causes hygiéniques ou qui se rapportent au
« régime envisagé dans sa généralité ont faussement paru
« à quelques-uns disposer au goître, mais plusieurs autres
« donnent véritablement lieu à cette affection. Au nombre
« des premières, on avait placé les eaux potables, aux-
« quelles on attribua longtemps le goître endémique, soit
« à cause de la température froide, qu'elles devaient à la
« fonte des neiges ou des glaces qui en sont la source, soit

« en raison des sels et de leurs éléments chimiques de
« crudité ; mais les observations de Saussure, les remar-
« ques de Cullen et surtout les preuves accumulées par
« M. Fodéré ont clairement établi que l'opinion adoptée
« par les auteurs à ce sujet *était fausse et devait être aban-*
« *donnée.* »

M. FERRUS (*Dictionnaire de médecine,* 1817 *et* 1836).

« *Causes du goître.* — On a mis de ce nombre diverses
« qualités de l'air atmosphérique ; ainsi c'est à la chaleur
« humide de l'atmosphère qu'on attribue généralement la
« fréquence et même la multiplicité endémique de cette
« maladie dans les Vosges, le Valais, les gorges des Pyré-
« nées, dans les plaines et sur le revers des Andes, etc.....
« D'autres pathologistes avancent qu'il est plus probable
« que le goître est dû, dans ces contrées, à l'usage des
« eaux de source , et plutôt encore à l'usage des eaux qui
« proviennent de la fonte des neiges. *Il nous semble qu'on*
« *ne peut adopter ni l'une ni l'autre de ces causes d'en-*
« *démicité.....* »

HUMBOLDT (*Journal de physiologie de Magendie,* 1824,
tom. IV, p. 112).

« Après avoir examiné les eaux que boivent les goîtreux
« dans les régions où les sources sortent des granits, du
« micaschiste, du grès, *du calcaire alpin ou du gypse ;* après
« avoir réfléchi sur la température des eaux, qui sont
« tantôt des eaux de neige, tantôt, comme au Rio Magda-
« lena, des eaux dont la température moyenne est de 25
« à 26 degrés centésimaux, *on est peu enclin à attribuer aux*
« *propriétés chimiques et à la température des eaux les engor-*
« *gements du système glanduleux, le goître et le crétinage.* »

M. Grange avait signalé la ville de Genève, où le goître
a diminué, depuis qu'on se sert de l'eau du Rhône, d'une
manière à peu près générale, ce qui indiquerait qu'on faisait usage d'autres eaux; mais M. le docteur Peschier,
savant praticien de cette ville, a publié une lettre insérée
dans le *Bulletin de la Société statistique de Grenoble*; en voici
un passage :

M. PESCHIER.

« Le plus grand nombre des auteurs qui ont écrit sur
« l'étiologie du goître ont insisté *sur la nature des eaux.*
« On a dit et redit que les habitants du Valais réfutent
« habituellement cette opinion, le haut Valais étant exempt
« de goître, tandis que les goîtreux fourmillent dans le
« bas Valais, *bien que ces deux catégories de Valaisans fassent*
« *usage des mêmes eaux, à quelques lieues de distance* et quel-
« ques mille pieds de différence de hauteur.

« Mais c'est à Genève surtout que cette question ne
« saurait être mise en avant; rien de plus complexe que
« l'eau dont tous les habitants font usage : elle est prise
« dans le cours du Rhône par une machine hydraulique
« qui la porte dans tous les quartiers de la ville.

« Or l'eau du Rhône est le résultat de tous les torrents
« et ruisseaux coulant soit des Alpes, soit du Jura, soit
« des contre-forts très-inférieurs de ces monts; ces eaux
« viennent des faces sud et nord des montagnes et col-
« lines; elles proviennent de glaces, de neiges et de pluies;
« elles traversent des terrains de toutes espèce et qualité,
« et contiennent en dissolution aussi bien de la silice que
« de la chaux, et sont le résultat d'un mélange de tous les
« degrés de pureté et d'impureté, recevant les égouts
« d'une douzaine de villes et d'une soixantaine au moins

« de villages. *De plus, aucune des conditions de ventilation et*
« *d'insolation ne leur manque.....* Ainsi, à Genève, la ques-
« tion *de la nature de l'eau* ne saurait être soutenue avec
« quelque apparence de raison. »

M. GRISOLLE (*Traité élémentaire et pratique de pathologie interne,* 1848).

« Le goître est quelquefois une affection héréditaire.
« Il est un peu plus commun chez la femme que chez
« l'homme..... Le goître est beaucoup plus commun dans
« les campagnes que dans les villes. *La misère, l'usage*
« *d'aller le cou nu et la constitution scrofuleuse sont autant*
« *de causes prédisposantes* d'après Bramley. *Cependant,*
« *dans la presque totalité des cas, on ignore complétement les*
« *causes soit prédisposantes, soit efficientes, qui président au*
« *développement du goître sporadique.* Dans les pays où la
« maladie règne endémiquement, *il est probable qu'elle*
« *résulte de l'action combinée de plusieurs causes.* C'est
« l'opinion d'ailleurs émise par MM. Cerise et Marchant ;
« ces médecins distingués ayant observé le goître, le pre-
« mier dans les Alpes, le second dans les Pyrénées, s'ac-
« cordent pour admettre que la maladie peut être le
« résultat d'un concours de circonstances diverses, et ils
« se sont inscrits contre la prétention de ceux qui veulent
« lui assigner une cause constante et toujours nécessaire.
« C'est à peu près aussi ce qu'a dit M. Bramley, dans le
« travail étendu qu'il a publié, il y a dix ans, sur les causes
« du goître dans le Népaul, où il a vu souvent la maladie
« être plus commune sur les hauteurs que dans la plaine ;
« il a constaté aussi la fréquence du goître dans les pays
« les plus dissemblables par le climat, la température,
« l'alimentation et *la qualité des eaux.* »

M. Niepce (*Traité du goître et du crétinisme*, 1851, t. I).

« L'analyse des eaux offrait une importance trop grande
« pour qu'elle fût négligée, surtout en présence de cette
« pensée commune aux populations qui regardent les
« eaux comme seules causes du crétinisme et du goître.
« J'ai donc multiplié ces analyses le plus possible ; je les
« ai faites soit en Piémont, dans les vallées infectées, telles
« que celles d'Aoste, de l'Orco, etc.; en Savoie, dans celles
« de la Tarentaise, de la Maurienne ; en France, dans
« celles du Grésivaudan, d'Allevard, de Vaulnaveys, du
« Drac, partout où j'ai rencontré des goîtreux et des cré-
« tins. Mais, pour être certain si les eaux étaient causes
« uniques du crétinisme, j'ai fait des analyses compara-
« tives *dans les lieux des mêmes vallées où le goître et le cré-*
« *tinisme n'existent pas,* et de ces études analytiques com-
« paratives je suis arrivé à acquérir *la conviction la plus*
« *positive que la nature des eaux n'est pas la cause unique du*
« *goître et du crétinisme,* mais une cause indirecte qui
« peut, cependant, être réunie à celles que j'ai déjà
« signalées plus haut (p. 383).

« Quelques écrivains ont attribué le goître et le créti-
« nisme aux eaux de neiges et de glaces fondues. Cette
« opinion est fausse, car plus on s'élève près des neiges
« éternelles, près des glaciers, moins il y a de goîtreux et
« de crétins (p. 387). »

M. Niepce examine successivement, au nombre de quinze,
toutes les causes auxquelles on a attribué le développemen
du goître ; puis il termine ainsi :

« Aucune de ces causes n'agit seule, et il est facile de s'en
« convaincre en suivant la différence des localités, toutes
« présentent de nombreuses exceptions ; mais il est certain
« qu'il en est qui se font sentir d'une manière plus géné-

« rale et plus constante. L'air, par son humidité excessive,
« vicié par des miasmes nombreux ; les habitations mal
« disposées, mal exposées, tout à fait malpropres et privées
« de la lumière solaire ; la mauvaise qualité des eaux, des
« aliments, le peu de principes réparateurs qu'ils contien-
« nent. toutes ces causes, qui exercent une action plus
« directe sur l'organisme et ne fournissent que très-in-
« complétement les éléments les plus nécessaires à la vie,
« doivent avoir sur la santé une influence bien marquée.
« Les autres causes doivent être considérées comme secon-
« daires, et, par leur nombre, elles tendent à augmenter
« l'énergie des autres. »

Ainsi donc, en ce qui concerne le goître, il y a unanimité parmi les hommes de l'art qui ont étudié cette maladie
dans toutes les parties du monde pour déclarer que la
plus grande incertitude règne encore sur les causes qui
produisent le goître ; que très-probablement ces causes
sont multiples, et qu'en tout cas il est impossible d'attribuer
cette maladie *à une seule cause et notamment à l'usage d'eau
d'une nature quelconque.*

M. le docteur Jolly est donc seul de son opinion, contre
tous les médecins qui ont étudié le goître, lorsqu'il avance,
avec un admirable sang-froid, que *rien n'est plus vrai : c'est
l'eau de cette contrée qui donne lieu à des endémies de goître.*
Passons aux *caries dentaires* qui doivent aussi résulter de
l'usage des eaux de la Dhuis.

Nous sommes vraiment étonné que l'érudition de
M. Jolly se trouve ici en défaut. Comment a-t-il pu oublier
le proverbe vulgaire qui dit *qu'un doigt de vin, après la
soupe, sort un écu de la poche du médecin pour le faire tomber dans celle du dentiste ?* C'est qu'en effet une grande
partie de l'histoire de la carie des dents se trouve dans ce
dicton populaire.

Lorsque la carie n'est pas un vice héréditaire, ou ne résulte pas de quelque grave affection constitutionnelle, elle résulte presque toujours de cet usage abusif de faire succéder des boissons froides à l'ingestion d'aliments chauds : *L'action des substances chaudes est nuisible aux dents, elle le devient surtout lorsqu'elle est tout à coup suivie du contact de corps froids* (M. Oudet, M. Delestre).

Cette maladie semble endémique dans certaines contrées, particulièrement dans les pays humides, marécageux, ou situés près dubord de la mer. La Hollande, et surtout la Frise, en offrent un exemple remarquable (M. Oudet).

Nul doute que ce ne soit en grande partie à l'abus que font certains peuples du thé, qu'ils prennent presque bouillant, qu'on doive attribuer la perte prématurée de leurs dents. (M. Oudet).

Ajoutons à cela, si l'on veut, l'action chimique que peuvent exercer sur l'émail des dents certaines boissons acides, telles que le cidre dont il se fait un usage souvent immodéré, et nous aurons bien assez d'explications de la cause ou des causes de la carie des dents, sans avoir recours à des théories médicales de bonnes femmes, que des faits innombrables viendraient démentir.

Si M. Jolly démontrait que les eaux de la Champagne et celles de la Dhuis en particulier sont d'une nature suspecte, d'une mauvaise qualité, nous pourrions comprendre qu'il se rangeât de l'avis de quelques médecins de l'ancien temps (l'ancien régime a du bon !), comme ceux de Reims en 1746, par exemple, qui du moins avaient, à l'appui de leur opinion, la preuve de la profonde altération des eaux de cette ville.

Mais M. Jolly n'a ni cette ressource ni cette excuse. Les eaux de source de la Champagne, les eaux de rivière de la Champagne, et jusqu'aux *eaux de puits* de la Champagne, sont toutes, dans leur spécialité, de la plus excellente qualité. C'est donc une action blâmable que de venir ainsi, malgré l'évidence, méconnaître les qualités de ces eaux et de les présenter aux populations qui en font actuellement usage, ainsi qu'à celles qui les auront bientôt, comme une sorte de poison qui doit donner les plus hideuses infirmités.

Nous pensions en avoir fini avec les objections de M. le docteur Jolly, ayant négligé avec intention une foule de petites chicanes, aussi peu dignes d'être produites que d'être réfutées; lorsque nous nous sommes rappelé que notre infatigable adversaire avait inséré dans *l'Union médicale* une seconde lettre, dans laquelle il croit avoir répondu aux courtes observations que nous avons tout d'abord opposées à sa longue dissertation.

Il nous a donc fallu relire cette seconde lettre; mais nous n'y avons trouvé qu'un passage pour l'appréciation duquel le public pourrait avoir besoin de quelques explications. Le voici :

« Ce qu'il faut regretter à ce sujet, c'est que l'autorité
« municipale, dont personne ne pourrait méconnaître les
« excellentes intentions, n'ait pas cru devoir s'enquérir de
« témoignages plus capables de l'éclairer; c'est qu'elle ne
« se soit point adressée aux autorités locales les plus com-
« pétentes; aux médecins des contrées où l'on observe
« plus spécialement ce genre d'affection (le goître); c'est
« qu'elle n'ait pris aucun avis des corps savants, de l'Aca-
« démie de médecine, du conseil de salubrité, du comité
« consultatif d'hygiène, qui pouvaient aussi, vous en con-
« viendrez, lui fournir en pareil cas plus de lumières que
« d'honorables banquiers, magistrats, avocats, manufac-
« turiers, composant la majorité de la commission, tous
« également dignes de la haute confiance dont ils sont
« investis, mais bien peu compétents pour apporter des
« lumières dans une question spéciale d'hygiène qui in-
« téresse à un aussi haut degré la santé publique. »

Il serait difficile d'accumuler plus d'erreurs et même d'inconvenances qu'il n'y en a dans ces quelques lignes.

Nous avons dû faire ressortir la singularité des observations de M. le docteur Jolly au sujet de l'insuffisance *des témoignages invoqués* par la commission d'enquête ; maintenant il s'agit de *l'insuffisance des témoignages* invoqués par *l'autorité municipale.* Or ces témoignages insuffisants sont ceux des ingénieurs les plus habiles et les plus expérimentés ; du conseil municipal, qui a donné *trois fois* son approbation aux projets de M. le Préfet ; ceux d'une commission d'enquête dans laquelle figurent l'un des secrétaires perpétuels de l'Académie des sciences ; trois membres de l'Académie de médecine, dont un, membre du conseil supérieur d'hygiène ; un médecin en chef des armées ; des manufacturiers et des industriels qui marchent justement à la tête de l'industrie parisienne ; des administrateurs municipaux qui jouissent de l'estime et de la confiance générales ; enfin le témoignage ou plutôt l'approbation unanime du Conseil supérieur des ponts et chaussées, qui est venu s'ajouter à tous les autres.

On aurait dû consulter les autorités locales ; mais vous ignorez donc, Monsieur Jolly, qu'il y a eu des enquêtes solennelles dans tous les départements intéressés ? Vous le savez bien, ma foi, puisque c'est dans le cahier d'observations, rédigé à cette occasion par les maires de quelques communes, que vous avez pris vos plus belles tirades.

Quant *aux médecins des contrées où l'on observe plus spécialement le goître,* c'est en Suisse ou en Piémont qu'il aurait fallu aller les chercher ; mais que n'auriez-vous pas dit, Monsieur le docteur Jolly, si l'on avait ainsi déclaré implicitement que vous et les médecins de Paris étiez incapables d'éclairer la question d'hygiène ?

Restent les corps savants qu'on aurait eu le tort de ne pas

consulter. Tenez, voulez-vous, Monsieur Jolly, me permettre de vous dire toute la vérité?

Si la municipalité parisienne était venue naïvement demander à ces corps savants si les eaux de source de la Champagne étaient capables d'apporter à la population parisienne le goître, la carie des dents, les affections organiques de l'estomac, les scrofules et la cataracte, ces corps savants nous auraient pris pour des fous, et vous-même vous n'auriez jamais eu l'idée d'aller pêcher de pareilles choses dans les eaux limpides de la Champagne, si un journal politique n'avait pris l'initiative de cette absurdité et n'en avait fait un sujet d'opposition administrative.

Voilà, Monsieur Jolly, pourquoi on n'a pas consulté les corps savants; ils se seraient moqués de nous.

Il nous reste à expliquer une chose que vous affectez de ne pas comprendre.

Nous serions très-affligé, si l'on nous administrait la preuve que c'est bien sérieusement que vous demandez comment il se fait qu'on ait introduit dans la commission d'enquête d'honorables banquiers, magistrats, avocats, manufacturiers.

Pensez-vous, Monsieur Jolly, qu'une commission d'enquête composée, d'après la loi, de treize citoyens notables eût été bien apte *à donner un avis motivé sur toutes les parties du projet*, si elle avait été composée de treize médecins, même les plus honorables? Treize médecins, capables, comme vous, de l'envisager sous tous les rapports et de résoudre, comme vous, toutes les questions de quelque nature qu'elles eussent été, oui; mais je gage qu'on ne trouverait pas ces treize médecins-là à Paris.

Il a donc fallu se résigner à nommer des magistrats et des avocats pour la question de droit; des banquiers pour la question financière; des manufacturiers, des chimistes, des géologues pour la question hydrologique; des administrateurs pour la question communale ; enfin des médecins pour les questions d'hygiène publique.

On ne peut vraiment trouver qu'une chose à reprendre dans cette commission, c'est que M. le docteur Jolly n'y figurait pas.

Nous espérons que M. Jolly regrettera d'avoir attaché son nom, si honorable, à une dissertation qui a pu donner lieu à autant de remarques sévères, et qui serait capable, si elle avait pénétré dans la population, de faire germer dans les esprits peu éclairés les plus injustes méfiances et les préjugés les plus déplorables.

M. DELAMARRE.

Journal la Patrie *du 15 juin au 27 août 1861.*

En ouvrant la campagne contre les projets de la ville de Paris avec une ardeur sans pareille, M. Delamarre a conquis d'un seul coup le suffrage et l'appui de MM. H. Arrault, L. Giraud, Déclat et Girard, et la faveur d'être admis à développer ses vues devant la commission d'enquête.

Quelques personnes naïves se sont demandé ce qui avait pu exciter à un tel point la bile de la *Patrie*, journal ordinairement assez pacifique. Le hasard nous a donné l'explication de cette énigme : c'est une question de commerce.

La *Patrie* est un journal inventif. On lui doit, entre autres choses, les Docks de la vie à bon marché, puis les *Dernières nouvelles*, moyen ingénieux de faire acheter le journal. Il consiste dans l'emploi d'un gros caractère, pour quelques lignes qu'on est censé avoir reçues au dernier moment, par une faveur spéciale du télégraphe ou de la petite poste.

Or, au mois de juin dernier, malgré cette innocente

ruse, la politique chômant (comme on dit en style de publiciste), on éprouvait quelques difficultés rue du Croissant, pour rendre le journal intéressant, et la vente au numéro, objet de l'ambition de tout marchand de papiers, la vente au numéro, disons-nous, était languissante.

On avait bien essayé, quelque temps auparavant, d'exciter la curiosité publique à propos des projets de la Ville ; mais cette tentative n'avait été qu'un coup d'épée dans l'eau et on n'y songeait plus, lorsqu'un homme, très-connu pour son esprit aventureux et téméraire, mais en même temps ingénieux et brillant, rencontre un honorable rédacteur du journal et lui offre un article sur les eaux de Paris. Un pareil sujet, traité par un homme qui avait fait ses preuves d'imagination, par un homme qui sera un grand génie, si nous allons jamais à pied sec de Calais à Douvres, ne pouvait manquer d'être accueilli. C'était un sauveur. L'article paraît avec la signature du directeur lui-même, en gros caractères, bien entendu, ce qui lui donne les favorables allures des *Dernières nouvelles ;* il a du succès. Le lendemain le public se jette sur la *Patrie* pour lire la suite ; la vente au numéro grandit ; on s'enhardit, on devient de plus en plus piquant ; on risque les propositions les plus grotesques ! Qu'importe ? le public qui goûte assez le scandale recherche le journal, et le but est atteint : la *Patrie* a la vogue pendant plus de deux mois.

Si nous étions méchant, nous dirions à l'honorable directeur qu'en soutenant avec tant de vivacité la cause de l'eau de la rivière il pourrait bien être accusé quelque peu d'avoir péché en eau trouble ; mais nous sommes débonnaire et nous nous contenterons de faire remarquer qu'il a eu l'adresse, en tout ceci, de faire découler des aqueducs autre chose que de l'eau claire.

La *Patrie* a donc offert à ses lecteurs 17 articles sur les eaux de Paris !

On aurait pu croire qu'en présence d'un pareil bagage la *Patrie* serait modeste au vis-à-vis de ceux qui se sont trouvés dans la nécessité de lui répondre ; d'autant plus qu'il a bien fallu lire ces 17 articles, ce que n'a assurément pas fait M. Delamarre ; il l'a bien prouvé dans sa comparution devant la commission d'enquête, lorsque, au lieu de donner à celle-ci des explications qu'on demandait, il a renvoyé la commission à ses articles, qu'il a appelés *ses ouvrages*.

M. Delamarre a prouvé, une seconde fois, qu'il n'avait pas lu ses articles, lorsqu'il a dit le 27 août :

« — Après avoir combattu avec persévérance les projets
« de l'administration municipale pour la dérivation, sur
« Paris, des eaux de la Champagne, il était de notre di-
« gnité, autant que de notre devoir, de soumettre contra-
« dictoirement à nos lecteurs tous les arguments de nos
« adversaires.

« C'est ce que nous avons fait en publiant le rapport de
« la commission d'enquête, *malgré la longueur démesurée*
« *de ce document*.......

« — Le long rapport dans lequel la commission munici-
« pale *a délayé, disons même noyé* la question des eaux,
« n'apporte, selon nous, aucune lumière nouvelle.

« — Nous craindrions de fatiguer nos lecteurs, recon-
« naissant que nous avons déjà peut-être abusé de leur
« patience en publiant *in extenso le très-long mémoire de*
« *nos adversaires.* »

Ainsi donc, c'est le mémoire de la Commission qui fatiguera les lecteurs de la *Patrie*. M. Delamarre aurait dû, dans cette occasion, ne parler que pour lui. Nous convenons, en effet, que, n'ayant pas lu ses 17 articles publiés dans l'espace de deux mois, il ait pu trouver bien fastidieux de lire le nôtre tout d'une haleine.

Au moins eût-il été équitable de reconnaître que la

Commission ayant dû, d'abord pour obéir à la loi, donner son avis sur le projet, puis répondre aux adversaires qu'il a rencontrés, il n'était guère surprenant qu'elle eût rédigé un mémoire un peu long.

Mais enfin, quand on reproche aux autres d'être longs, il faudrait au moins être court; et c'est précisément par le défaut qu'il nous reproche que M. Delamarre a péché lui-même.

La Commission a renfermé les considérations auxquelles elle a dû se livrer dans 80 pages in-4°.

Or les articles de MM. Delamarre et compagnie, imprimés avec les mêmes caractères et dans le même format, auraient fourni près de 100 pages, soit 20 pages de plus que le rapport!

Il faut convenir que M. Delamarre a eu là une singulière inspiration, de reprocher à une commission officielle, qui a dû remplir le pénible devoir de lui répondre, d'avoir été trop longue dans son rapport, lorsque lui, M. Delamarre, qui n'avait aucune mission et qui eût bien mieux fait de se taire, dans l'*intérêt même de sa dignité*, a été volontairement beaucoup plus long que la Commission.

Nous avouons cependant que nous n'aurions pas fait reparaître M. Delamarre dans cette nouvelle réfutation des adversaires du projet, par la raison qu'il n'est rien resté de ces bizarres conceptions, après l'exécution qu'en a faite la commission d'enquête, si nous n'avions conservé la mémoire d'une certaine imputation dédaignée par elle. Plus libre dans nos allures, nous pouvons rappeler cette imputation et en demander compte à M. Delamarre.

Patrie, 15 juin 1861. — « Indiquerait-il, au contraire
« (le silence de l'administration), que l'autorité, éclairée
« maintenant sur l'état des esprits, serait enfin disposée à
« renoncer à son projet de dérivation des sources, en

« *sacrifiant l'amour-propre de quelques fonctionnaires, seul*
« *engagé dans la question ?*

« *Patrie,* 9 juillet. — Il n'est pas probable que l'auto-
« rité municipale consente à s'isoler plus longtemps de
« l'opinion publique, en persistant, *pour la satisfaction de*
« *quelques amours-propres engagés,* dans ses projets de dé-
« rivation de sources, quelque restreints que soient deve-
« nus ces plans.

« *Patrie,* 19 août. — Depuis sept ans que le projet de
« la Somme-Soude a été présenté, pour la première fois,
« au conseil municipal, il n'a cessé d'être un obstacle à
« la solution de la question d'alimentation de la ville de
« Paris ; si bien que cette grande et large question, qui
« touche à des intérêts si sérieux et si graves, *se trouve*
« *réduite aujourd'hui à une petite question d'amour-propre*
« *froissé ou d'ambition déçue.* »

Ainsi donc, c'est pour *ménager l'amour-propre de quelques*
fonctionnaires, seul engagé dans la question, et pour la
satisfaction de quelques amours-propres, que la question se
trouve réduite aujourd'hui *à une petite question d'amour-*
propre froissé ou d'ambition déçue. C'est à de pareilles considérations que l'on a sacrifié les intérêts les plus chers et
les finances d'une ville de 1,600,000 habitants. C'est mû
par de semblables motifs que le conseil municipal a sanc-
tionné trois fois les projets de **M.** le préfet, que la commission d'enquête les a trouvés bons et que le conseil supérieur des ponts et chaussées les a honorés de son approbation unanime.

Sont-ce aussi des considérations du même genre qui
animaient les empereurs romains, les papes, les rois de
France et les magistrats de celles de nos grandes villes
qui ont pu être alimentées par des eaux de source ?

Est-ce pour ménager des amours-propres froissés que,
à l'heure qu'il est, la plupart des villes d'Angleterre qui

avaient eu recours à des rivières recherchent des sources qui les dispensent des filtrages et des procédés de rafraîchissement de l'eau?

Est-ce pour flatter l'amour-propre des fonctionnaires de la ville de Paris que Montpellier, Besançon, Poitiers, Bordeaux et cent autres villes ont donné la préférence aux eaux de source sur les eaux de rivière, avant même qu'il fût question d'amener des eaux de source à Paris?

Il faut être bien pauvre en bonnes raisons pour en jeter de pareilles en pâture à l'esprit d'opposition et de dénigrement. Du reste, cette imputation n'appartient pas plus à M. Delamarre que le reste de son argumentation. Nous lui rendons justice. Nous savons quels mesquins sentiments d'envie ont dicté cette phrase que M. Delamarre a eu le tort de stéréotyper, pour ainsi dire, dans trois ou quatre des articles de la *Patrie*.

Par cette persévérance, M. Delamarre a fait acte d'acceptation d'une imputation aussi offensante pour les fonctionnaires désignés que pour les hommes qui se seraient rendus coupables d'une pareille complaisance.

M. Delamarre a oublié que ces hommes occupent, dans le monde scientifique, industriel ou officiel, des places qu'ils ont conquises par des services rendus à la chose publique, autrement importants que ceux que peuvent faire valoir leurs obscurs adversaires et M. Delamarre lui-même.

De quel droit M. Delamarre vient-il jeter à la face de ces hommes le soupçon de faiblesse, de condescendance, presque de lâcheté! Si les bénéfices que fait M. Delamarre avec son journal, dont il est, dit-il, le seul propriétaire, lui ont créé une large indépendance, qu'il apprenne que cette indépendance n'est pas seulement le partage de gens qui font de gros bénéfices.

Le caractère est la plus sûre garantie de l'indépendance, et l'honorabilité du caractère de ceux qui ont approuvé les projets de la Ville est à l'abri des attaques inconsidérées du propriétaire de la *Patrie.*

Quant aux autres *inventions* de la *Patrie,* dont M. Delamarre n'a pas craint d'accepter la responsabilité, elles ont été, pour la plupart, réduites à leur juste valeur par le rapport de la commission d'enquête; nous nous contenterons de les résumer en peu de mots.

Répugnance des Parisiens pour les eaux de source. — Cette objection est ridicule. Les Parisiens n'ont de répugnance que pour les eaux des puits de Paris qui, en effet, par suite de la nature séléniteuse du sol, sont des plus mauvaises eaux qui existent. Elles marquent environ 130° hydrotimétriques. Mais les Parisiens acceptent, avec la plus grande confiance, les eaux d'Arcueil qui marquent de 30 à 35°, et boiront avec plaisir les eaux de la Dhuis qui donnent seulement 22 à 23° et seront toujours d'une admirable limpidité.

Défaut d'aération des eaux de source. — Cette objection avait déjà été mise à néant dans le rapport de la commission d'enquête; mais, depuis, il est survenu de nouveaux travaux de MM. Boussingault, Poggiale et Lefort; ils viennent appuyer ce qui était déjà acquis à la science et ne laissent aucun doute sur la force de cette réponse : que les eaux de la Dhuis, déjà aérées à la source même, arriveront à Paris aussi aérées que des eaux de rivière, et, de plus, exemptes de ces substances organiques qui, dans les eaux de rivière, peuvent absorber, en peu de temps, l'air qu'elles ont dissous.

Les développements relatifs à cette question se trouvent dans notre réponse à la lettre de M. le docteur Jolly.

Du filtrage en grand des eaux. — Dans son lumineux résumé du 9 juillet, M. Delamarre s'exprime ainsi :

« CLARIFICATION. Nous croyons avoir démontré que l'eau

« de la Seine peut être recueillie, *par voie de filtration*
« *souterraine*, dans des bassins de clarification, avant son
« entrée dans la ville, et qu'elle peut acquérir ainsi toutes
« les qualités recherchées dans les eaux de source, sans en
« avoir les défauts. »

M. Delamarre peut croire, en effet, que la possibilité du
filtrage en grand des eaux de la Seine a été démontrée par
l'auteur des articles que M. Delamarre a signés ; mais, si
M. Delamarre avait lu le rapport de la commission d'enquête, il aurait vu que l'exécution de ce filtrage présente,
au contraire, un problème extrêmement difficile et qui *n'a*
été résolu en partie qu'à Toulouse, pour une population qui
n'est que le *dix-septième* de celle de Paris (1). Or, en admettant
qu'on puisse opérer à Paris comme à Toulouse, il faudrait
multiplier les appareils, les filtres et les réservoirs dix-sept
fois !

Cela peut paraître facile à ceux qui proposent de faire
sous la mer des *tunnels* de 30 kilomètres ; mais cela paraît
très-difficile et très-coûteux à des ingénieurs expérimentés.
Mais ce n'est pas tout : c'est impossible, par la raison que

(1) Voici comment s'exprimait, au sujet des eaux de Toulouse, M. d'Aubusson
des Voisins :

« L'eau en est parfaitement bonne et limpide, tant que la Garonne demeure
« dans son lit ; mais dans les crues, lorsqu'elle déborde et qu'elle recouvre le
« terrain sous lequel sont les excavations, les eaux sortent un peu louches.

« En temps ordinaire, le seul reproche qu'on puisse faire à ces filtres, c'est de
n'être pas entièrement exempts, dans leur intérieur, d'une végétation sou-
« terraine. Les brins de byssus qui s'en détachent sont souvent portés, par les
« eaux, jusqu'à la cuvette du château d'eau, où il faut employer des toiles mé-
« talliques pour les retenir ; mais si, par malheur, ce banc de sable (dans lequel
« les filons sont creusés) nous était enlevé, si les petits canaux afférents contenus
« dans cette masse sablonneuse, et qui, en retenant les matières terreuses, cause
« de la saleté de l'eau, la livrent entièrement pure, venaient à s'obstruer, alors
« nous aurions recours à une clarification artificielle. »

(*Histoire de l'établissement des fontaines à Toulouse*, par M. d'Aubusson
des Voisins. Paris, 1859.)

Ainsi l'eau de Toulouse n'est pas irréprochable. Quant à sa qualité, elle est al-
térée par un *goût de vase* (expression de M. d'Aubusson, p. 28).

ce qui peut être fait sans inconvénient dans le lit siliceux de la Garonne ne peut pas être exécuté dans le lit séléniteux de la Seine; on obtient à Toulouse de l'eau de la Garonne; à Paris on aurait de l'eau de puits.

Comme on a contesté cela, malgré l'évidence, MM. les ingénieurs ont bien voulu se prêter à un essai qui, sans doute, convaincra les plus entêtés.

A Port-à-l'Anglais, à 100 mètres du cours de la Seine, *en plein sable*, on a creusé un puits qu'on a descendu à 1 mètre au-dessous du niveau de l'eau de la rivière. Il s'est immédiatement rempli d'une eau parfaitement limpide, dont la température était, le 12 novembre, de 12 degrés. Au même moment, l'eau de la Seine, en plein courant, était à 7 degrés.

On a installé près de ce puits deux locomobiles et deux pompes, qu'on a fait fonctionner pendant quinze jours, sans interruption.

Ces pompes élevaient du puits 1,440 litres d'eau par minute; soit plus de 2,000 mètres cubes par jour.

Le quinzième jour, nous avons pris de cette eau et nous l'avons examinée : c'était de l'eau de puits; elle donne 54 degrés à l'hydrotimètre ; elle ne savonne pas et cuit mal les légumes secs.

Voilà l'eau que donnerait le filtrage des eaux de la Seine dans la plaine d'Ivry. Est-ce là l'eau qu'il faut distribuer dans Paris?

Chutes d'eau de la Seine. — Nous croyons vraiment inutile de répéter ici la réfutation des incroyables inventions de la *Patrie*, basées sur de prétendues chutes d'eau dans la Seine, qui fournissent à l'imagination de M. Delamarre des forces de 3,000 et 4,500 chevaux. C'est déjà bien assez que d'avoir été condamné à opposer des chiffres à des chiffres dans le rapport de la commission d'enquête.

Il en sera de même de l'heureuse comparaison de Port-à-l'Anglais avec Marly, entre lesquels il n'y a que cette petite différence : qu'à Marly la Seine forme deux bras, dont un, au moyen d'un barrage qui profite de la pente de la rivière sur un parcours de 12 kilomètres, a pu donner une chute de 3 mètres. A la vérité, M. Delamarre trouve que ce serait une bagatelle que de creuser dans la plaine une rivière de 2 lieues et demie ; nous nous permettrons d'être d'un avis contraire et de trouver ce projet absurde.

Dragage de la Seine. — Que dire aussi du projet fantastique pour l'exécution duquel il faudrait creuser la Seine de Paris à Saint-Denis ? Nous ne pensions pas que la verve d'un inventeur pût aller jusque-là. La commission d'enquête a dû traiter cela sérieusement ; mais nous, il nous est permis d'en rire, ce qui ne serait pas poli avec tout autre que M. Delamarre ; mais M. Delamarre ayant pris la licence de se moquer de nous dans ses dix-sept articles, il doit bien nous pardonner de rire à ses dépens dans celui-ci.

Voici un dernier exemple de la faconde de notre adversaire. On remarquera l'extrême adresse de cette proposition, qui pose admirablement M. Delamarre dans l'ex-banlieue pour le cas où cette partie de Paris aurait besoin de se faire représenter par un zélé défenseur de ses intérêts.

Augmentation des revenus de la Ville. — Voici comment s'exprime M. Delamarre :

« La Ville percevrait un droit sur les eaux ainsi distri-
« buées à tous les habitants.

« Le droit serait converti en abonnement par tête d'ha-
« bitant, ce que chacun, assurément, préférerait. Cet
« abonnement pour l'eau clarifiée, distribuée dans les
« appartements, pourrait être fixé à un minimum de *deux*
« *centimes* par jour et par habitant, et à *quatre centimes*
« par tête de cheval ou de gros bétail. Ainsi, pour deux

« centimes, chacun recevrait une quantité d'eau quadruple
« et deux fois moins chère que celle dont il dispose aujour-
« d'hui.

« A ce taux de 2 centimes par jour, l'abonnement an-
« nuel produirait :

« Pour les 1,700,000 habitants actuels
« de Paris. . . . . 12,410,000 f.

« Pour les 150,000 têtes de chevaux ou
« gros bétail. 2,190,000

« Les concessions industrielles et par-
« ticulières que fera la ville soit à Paris,
« soit au dehors, pourraient s'élever, en
« peu d'années, à un chiffre considé-
« rable qui ne serait pas, dès le début,
« inférieur à. 1,400,000

Total. . . . . . 16,000,000 f.

M. Delamarre veut bien admettre qu'il serait juste de
déduire de cette somme l'intérêt des dépenses faites pour
la canalisation et autres travaux, qu'il évalue de 40 à
60 millions ; ci 4 millions à déduire.

« C'est donc un revenu annuel bien réel de 12 millions
« qui resterait à la Ville.

« L'administration municipale, une fois en possession de
« ce revenu permanent de 12 millions, pourrait l'appliquer,
« par surcroît et *nonobstant les autres ressources prévues,*
« à l'amélioration, pendant dix ans, des quartiers récem-
« ment annexés à la capitale. Une ressource extraordi-
« naire de CENT VINGT MILLIONS, affectée, dans une période
« de dix années, à l'embellissement des arrondissements
« annexés, les transformerait rapidement et les mettrait
« en harmonie parfaite avec les quartiers du centre de
« Paris.

« Ce serait justice. Chaque habitant de Paris payerait
« d'autant plus volontiers cet abonnement modéré, qu'il
« coûterait beaucoup moins cher que le prix auquel lui
« revient aujourd'hui son eau, et que d'ailleurs cette taxe
« ne pourrait recevoir de plus utile, de plus légitime
« destination. »

Voilà cependant où l'on peut être conduit par la mono-
manie des inventions : des exagérations ridicules, des chiffres
fantastiques, des statistiques d'écoliers, et, pour couronner
le tout, sous le faux nom d'abonnement, une taxe, un impôt nouveau, infligé à tous sans distinction de moyens et
de position, et prenant pour base l'*eau*, cet élément indispensable de la vie !

Il est vrai que M. Delamarre, pour se distinguer de ceux
qui proposaient aussi, *en faveur du peuple*, l'établissement
du *maximum*, propose pour l'eau un *minimum*. Il admet
aussi qu'on payerait très-volontiers cet impôt modéré. Ce
serait assurément la première fois qu'on verrait payer
volontiers un impôt ; mais rien n'est impossible à M. Delamarre, et, pour lui, c'est une bagatelle que de faire entrer
dans les caisses de la Ville 12 millions de plus.

Influence des eaux de source sur le développement du goître.
— C'est à M. Delamarre qu'est due l'initiative de cette in-
sidieuse et coupable accusation.

Jusqu'ici on avait pu dire, avec plus ou moins de raison,
que les eaux consommées dans une localité *pouvaient* contribuer au développement des affections goîtreuses chez
les habitants de cette localité ; mais personne n'avait eu
l'audace de supposer et, à plus forte raison, d'affirmer, que
des eaux de source, transportées hors de cette localité à
plus de 100 kilomètres, et consommées là, dans des conditions toutes différentes, pourraient, *à elles seules et en
vertu de leurs qualités spécifiques, infester la population d'affections goîtreuses !*

Et quelle est l'autorité qu'invoque M. Delamarre pour avancer une pareille absurdité? la sienne d'abord, puis l'autorité de médecins qu'il ne nomme pas. Or nous voyons bien, dans la biographie de M. Delamarre, qu'il a été garde du corps, banquier, journaliste et marchand de comestibles; mais nulle part qu'il ait été médecin (1).

Comment qualifier alors une assertion qui tranche aussi témérairement une question d'hygiène publique entièrement nouvelle, et qui fait peser aussi légèrement, sur une grande administration, le soupçon d'exposer à une affreuse infirmité la population d'une ville immense?

M. Delamarre a-t-il réfléchi à la gravité de cette imputation?

A-t-il oublié qu'en 1832 on a dû faire couvrir les seaux de nos humbles porteurs d'eau, afin que les *empoisonneurs* ne pussent pas à l'improviste y jeter des substances vénéneuses?

Qu'il survienne une de ces terribles épidémies dont le ciel frappe quelquefois les grandes agglomérations d'hommes, et que l'apparition de ce fléau coïncide avec l'arrivée, à Paris, des eaux de la Champagne; qu'on se souvienne alors que MM. Delamarre et autres ont accusé ces eaux de porter avec elles les germes des plus affreuses

---

(1) Voir le *Dictionnaire universel des contemporains*, par G. Vapereau, 2ᵉ édit. 1861. Librairie Hachette et comp., rue Pierre-Sarrazin.

DELAMARRE (Guillaume), banquier français, ancien député, né en 1799, fut garde du corps sous la restauration et se maria, vers cette époque, à mademoiselle Martin, fille d'un banquier dont il devint l'associé. La banque prit alors la raison sociale de Martin Didier-Delamarre, ce qui a souvent fait donner à ce dernier le prénom de Martin Didier. En 1844, M. Delamarre acheta la *Patrie*, qu'il ransforma, de feuille de l'opposition, en journal conservateur ; puis, en 1847, le *Commerce* et l'*Esprit public*, qu'il fondit ensemble. La *Patrie* dut à ses relations avec les membres du gouvernement républicain de 1848 un grand succès de vente, et devint une sorte de moniteur du soir. Son propriétaire y a développé ses idées personnelles, notamment celle d'une exposition permanente pour les artistes vivants (1847 et 1854), et celle des docks modèles de la vie à bon marché, qu'il a essayé de réaliser en 1856.

maladies, et comprenez ce qui peut résulter de l'anxiété et de l'aveugle fureur du peuple !

M. Delamarre se chargera-t-il alors d'apaiser, de rassurer la population, et prendra-t-il sur les bénéfices de la *Patrie* les frais de reconstruction des réservoirs, des aqueducs et des fontaines ?

Voilà pourtant quelles conséquences terribles pourrait avoir une allégation aussi imprudemment jetée à la crédulité des masses par un homme absolument étranger à la médecine ; car il faut bien que cela soit dit : C'est M. Delamarre qui a pris sur lui, dans son article du 15 juin, de parler *de la crainte qu'éprouve surtout la population féminine d'être envahie par des affections goîtreuses.*

Les deux ou trois personnes qui ont osé partager la responsabilité de cette révélation inattendue n'ont été que les plagiaires de M. Delamarre ; mais elles doivent en éprouver un certain repentir.

Elles ont eu leur part du ridicule et de l'odieux de cette invention ; elles n'ont pas partagé la gloire de l'auteur.

Nous terminerons avec M. Delamarre en donnant un échantillon de sa manière de traiter les questions.

« Le seul enseignement qui ressorte de ce document
« (le rapport de la Commission), c'est un parti pris nette-
« ment déclaré par l'administration d'exécuter des aque-
« ducs en dépit de toutes les protestations de la science,
« de l'expérience et des intérêts profondément troublés
« par ce projet. »

Au moment où la *Patrie* écrivait ces lignes, *la science* et *l'expérience* étaient représentées par MM. Delamarre, H. Arrault, Déclat et deux autres personnes que nous nous abstiendrons de nommer.

Les intérêts profondément troublés étaient ceux de quelques petits propriétaires de la Champagne, qui craignent de ne pas vendre leurs sources à un aussi bon prix que celles déjà acquises par la Ville.

Nous attendons avec confiance que le public fasse un choix entre les opinions de MM. Delamarre et compagnie et les opinions des diverses autorités qui ont approuvé les projets de la Ville.

M. GRIMAUD, DE CAUX.

Mémoire sur les eaux de Paris, 1860. *Journal* l'Union quotidienne, France, Écho français, *septembre, octobre*, etc., 1861.

Dans l'*Union* du 8 septembre, on lit ce qui suit :
« L'auteur de ce cinquième article (M. Merrueau, du
« *Constitutionnel*) le sait très-bien, et, s'il ne le sait pas, je
« puis le lui apprendre ; *on n'a répondu à rien du tout*, et
« aucun adversaire sérieux du projet de M. Haussmann
« *n'a battu en retraite ;* au contraire, car chaque jour leur
« a apporté un enseignement et fourni de nouvelles armes
« pour le triomphe de la vérité et du bien public qui sont
« seuls en cause à leurs yeux dans cette question.

Union du 18 août 1861. — « Dans une partie de son
« rapport, M. Robinet a cité mon *Mémoire sur les eaux de*
« *Paris,* à propos du filtrage en grand. Je commenterai
« son commentaire. Le *ridicule* est une arme dangereuse,
« qui, dans certaines mains, fait toujours ricochet et,
« comme la balle de Robin-des-Bois, atteint souvent celui
« qui l'a lancée. »

Mémoire sur les eaux de Paris, page 45. — « M. Dumas
« prouve trop, et c'est ainsi qu'il ne prouve rien. »

Première lettre à M. le préfet. — « Ces changements de
« direction, ces *ajustages* de Somme et de Dhuis, et ce
« projet additionnel d'aqueduc partant de la Vanne, ont
« paru à aucuns des indices suffisants du peu de con-
« fiance que vos projets vous inspirent à vous-même. Je
« suis loin de penser semblablement; cela arrive toujours
« *quand on entre de plain-pied dans une question que l'on ne*
« *connaît pas, et qu'on se met à l'étudier avec des savants ou*
« *des praticiens, pour lesquels aussi c'est chose nouvelle*. Et
« c'est là précisément ce que vous avez fait, Monsieur le
« préfet, vous le savez bien. »

Union du 18 août 1861. — *P. S.* Je viens de lire, dans
« le *Moniteur*, le long rapport de la commission d'enquête
« administrative chargée d'examiner le projet de dériva-
« tion des sources de la Dhuis. Parmi les membres de la
« commission, se trouvent MM. Élie de Beaumont, les
« docteurs Mêlier, Dubois, Michel de Tretaigne, et
« M. Robinet, ancien pharmacien, qui a rédigé le rap-
« port.

« Ce rapport n'apporte aucune lumière nouvelle dans la
« question; il ne détruit aucune objection sérieuse; à
« aucun point de vue on ne peut le considérer comme un
« élément de solution définitive. C'est ce que je me propose
« de démontrer bientôt brièvement. »

En lisant ce qui précède, nous nous sommes naturelle-
lement demandé quel était l'homme qui parlait avec
cette....... suffisance des autorités et des hommes les plus
respectables.

On peut se rappeler qu'une lettre portant ces mots :
A Monsieur Boerhaave, médecin, en Europe, arrivait sûre-
ment à son adresse; mais il est probable qu'en mettant
pour adresse : *A Monsieur Grimaud, de Caux, en France,*

la lettre ferait fausse route, puisqu'il y a en France deux
Caux et une foule de Grimaud.

Nous avouons donc que nous ne connaissions nullement M. Grimaud quand son existence nous a été ré-
vélée par ses articles. Nous avons demandé autour de
nous ce que c'était que M. Grimaud; mais personne n'a pu
nous faire une réponse satisfaisante. Alors nous avons
cherché à deviner s'il était chimiste, physicien, médecin,
ingénieur, financier ou même simplement ancien pharmacien.

M. Grimaud serait-il chimiste ou physicien? Impossible!
Un homme qui aurait conservé seulement la mémoire des
éléments de la chimie et de la physique, tels qu'on les
enseigne dans les colléges, n'aurait pas écrit des choses
comme celles-ci :

« — Quand la chimie a besoin d'eau pour ses opérations,
« elle a recours à l'eau que des substances étrangères n'al-
« tèrent point *dans sa composition élémentaire.*

« — La chaleur atmosphérique fait évaporer *la partie la*
« *plus légère des amas d'eau* répandus à la surface de la
« terre...

« — Ces vapeurs sont donc *de l'eau à l'état de pureté...*

« — Les gouttelettes à l'état naissant se trouvent donc
« dans les conditions les meilleures pour absorber l'air;
« elles s'en saturent avec excès, *et l'excédant constitue ces*
« *grosses bulles que l'on voit se produire dans les orages, au*
« *moment où la pluie atteint le sol.*

« — Depuis Ovide, les choses n'ont point changé; voilà
« pourquoi la chimie ne saurait retrouver, même dans la
« Seine qui passe à Sèvres, *aucune trace des égouts dont*
« *ses eaux ont reçu les souillures dans Paris.*

« Aussi l'analyse chimique ne dit-elle que des choses
« insignifiantes, quand elle veut comparer l'eau d'aval
« avec l'eau d'amont. »

Ce langage aurait pu passer du temps d'Ovide ; mais aujourd'hui c'est du galimatias scientifique ; rien de plus. Donc M. Grimaud n'est ni chimiste ni physicien.

M. Grimaud serait-il médecin ? Pas davantage. En voici la preuve :

« — Ailleurs, quand il a été affirmé que les carbonates
« de chaux et de magnésie, loin de nuire à la qualité de
« l'eau, la rendent saine et agréable, on a aussi manqué
« au principe.

« — Il est bien évident que les eaux de Vicence peuvent
« donner la pierre, *puisqu'elles l'ont donnée directement*
« A UN HOMME et qu'elles la donnent aux bœufs, etc. »

Le Monsieur auquel les eaux de Vicence donnaient la pierre guérissait, à coup sûr, en allant habiter Venise, *parce qu'à Vicence il buvait des eaux calcaires, et, à Venise, des eaux de pluie ou de citerne !*

Quel dommage que M. Grimaud n'ait pas été médecin et médecin à Vicence ! Il aurait fait boire à Vicence, au Monsieur calculeux, de l'eau de pluie aérée, *aqua battuta,* ou même de l'eau distillée aussi *battuta* ; il aurait guéri ainsi son malade de sa néphrite calculeuse et lui aurait évité le voyage de Venise.

Mais il est bien évident que M. Grimaud n'est pas médecin ; un médecin ne se contenterait pas de l'exemple d'*un homme* qui a eu la pierre à Vicence, pour conclure que c'est l'eau de cette localité qui la lui a donnée ; surtout quand il ajoute : « Si l'on concluait de là que les calculeux « sont plus nombreux dans cette ville qu'ailleurs, on se « tromperait peut-être. » Ce *peut-être* est charmant ; mais il n'a pu tomber de la plume d'un médecin.

Mais, si M. Grimaud n'est ni chimiste, ni physicien, ni médecin, il est donc ingénieur. Non ; un ingénieur n'aurait pas admis *qu'on pouvait obtenir au Pont-Neuf une force motrice de 2,000 chevaux, au moyen d'un barrage établi en continuation de celui qui sert à l'écluse.* Il aurait encore bien moins dit :

« On ne devrait pas couvrir les bassins dans lesquels on
« recueille l'eau. »

Et ceci donc :

« D'ailleurs, *une eau légère se clarifie par le dépôt,* et sa
« température s'équilibre avec les températures ambiantes
« *plus aisément que toute autre.* »

Enfin quel ingénieur aurait proposé la solution suivante de la question des eaux ?

« Or rien n'est moins difficile et plus praticable : l'eau arri-
« vant à la hauteur des maisons, il suffit de disposer *dans*
« *toutes un bassin alimentaire situé dans tous les combles,* et
« dominant le reste de l'édifice, qu'il aura ainsi, de plus,
« pour effet *d'assurer contre l'incendie.* »

Nous ne ferons pas à M. Grimaud le tort de supposer qu'il est *un ancien pharmacien.* Heureusement pour lui et pour notre courtoisie, nous avons une ressource qui satisfera toutes les exigences. En lisant dans le mémoire de M. Grimaud une foule de citations poétiques parfaitement appropriées à la question des eaux, nous avions déjà conçu des soupçons qui se sont changés en certitude quand nous sommes arrivé à cette phrase remarquable :

« Ne cherchez pas d'autre origine à *l'odeur de renfermé*
« qui se remarque dans l'atmosphère *putéale,* odeur par-
« ticulière et caractéristique de tout lieu clos et inacces-
« sible au renouvellement de l'air (1). »

Un homme de lettres était seul capable de découvrir cette heureuse expression *putéale,* omise par le dictionnaire de l'Académie lui-même. Mais M. Grimaud est un homme de lettres, nous aurions dû le deviner ; car

---

(1) *Putéal, e,* adj. *de puits; eau putéale,* eau de *puits.* Peu usité. (*Dictionnaire de Napoléon Landais.*)

M. Grimaud a traité en homme de lettres la question des eaux de Paris.

Ses objections et ses propositions le prouvent amplement; nous reconnaissons aussi que c'est un homme de goût.

Il existe depuis longtemps un projet de pont qui doit relier, par une nouvelle voie publique, la rive gauche et la rive droite. Ce pont fera suite à la rue de Rennes, aboutissant sur le quai Conti, entre la Monnaie et l'Institut. Sur la rive droite, il continuera la rue du Louvre. Pour peu qu'on ait étudié le plan de Paris et *les projets qui y son déjà tracés*, on comprend l'extrême importance de ce nouveau moyen de relier les deux parties de Paris séparées par le fleuve.

Or M. Grimaud a imaginé de remplacer ce *pont* par un *pont-aqueduc*, qui ne servirait qu'à faire passer les eaux de la ville d'une rive à l'autre. La preuve en est dans le dessin, charmant, du reste, qui accompagne le Mémoire de M. Grimaud.

Le *pont-aqueduc* est orné de huit magnifiques gerbes s'élançant gracieusement dans l'air et retombant en perles brillantes sur le *pont-aqueduc* lui-même.

Il paraît qu'il serait difficile de passer sur ce *pont-aqueduc* sans un parapluie par le temps le plus serein, ou bien il faudrait renoncer au jet d'eau ou au pont comme moyen de circulation.

Nous pensons que c'est au jet d'eau qu'on renoncera, parce qu'il sera plus utile, pour la cité, d'avoir un pont à piétons et à voiture qu'un *pont-aqueduc*, qui, en définitive, ne servirait qu'à porter des tuyaux de fonte, qu'on placera tout aussi bien dans un pont ordinaire, auquel M. Grimaud peut bien donner, si cela lui plaît, le titre élégant de *pont-aqueduc*.

Maintenant que dirons-nous des autres conceptions de

M. Grimaud en ce qui concerne les eaux de la ville? Ces conceptions d'un homme de lettres ont été déjà appréciées et réduites à leur juste valeur dans le rapport de la Commission d'enquête.

Il y a, par exemple, une argumentation en faveur des eaux de fleuve, fondée sur la préférence que les peuples donneraient à ces eaux, et M. Grimaud cite les Égyptiens, qui ne boivent que de l'eau du Nil.

M. de Caux, qui paraît très-versé dans l'histoire ancienne, a, sans doute, oublié que, dans toute l'Égypte, il n'y a pas d'autre eau que celle du Nil, et que, par conséquent, les Égyptiens eussent été bien embarrassés pour en choisir une meilleure.

Quant aux citernes vénitiennes, dont M. Grimaud fait grand cas, il a eu la prudence de ne pas les proposer pour l'Égypte. En effet, il ne pleut guère que pendant cinq à six jours par an au Caire, et l'immense majorité du pays n'ayant pour toute habitation que de mauvaises huttes en terre séchée au soleil, il y a absence complète de toits susceptibles de recueillir l'eau du ciel.

C'est aussi M. Grimaud qui doute que le défaut de limpidité de l'eau intéresse la santé ; *on en dispute, dit-il*. En cela M. Grimaud paraît être de l'opinion de Parmentier, qui enviait le sort du peuple buvant *l'eau toute naturelle et trouble*, comme faisaient nos pères. Mais que voulez-vous, Monsieur Grimaud? aujourd'hui personne ne veut plus être *peuple* et tout le monde veut de l'eau claire, ce à quoi nous ne voyons qu'une chose à faire, c'est d'en donner à tout le monde.

Nous devons également à M. Grimaud la découverte intéressante de l'influence des eaux sur la *longévité* dans les villes. Suivant lui, la bonne qualité des eaux de la Seine serait pour un tiers dans cet heureux résultat ; en sorte qu'à Paris une personne parvenue à l'âge de 50 ans peut espérer de vivre encore 37 ans et un centième ; soit environ 37 ans 3 jours 15 heures et 30 minutes. Croyez cela et ne buvez que de l'eau de Seine, et vous vivrez 87 ans 3 jours 15 heures et 30 minutes.

Quant aux savants calculs auxquels se livre M. Grimaud sur les prix de revient des différentes eaux, nous lui demandons la permission de décliner tout simplement sa compétence. De plus habiles que lui s'y sont trompés ; pour nous, comme il a été expliqué dans le rapport de la commission d'enquête, la question principale n'est pas là.

Arrivons aux nouvelles objections de M. Grimaud dans ses *gracieuses* lettres à M. le Préfet. Il n'y a que les hommes de lettres pour vous dire avec autant de politesse les vérités les plus dures.

« *Qualité des eaux.* Vous voulez nous amener des eaux « de source *pures, limpides et fraîches.*

« Vous les aurez pures, selon le terrain où vous les « prendrez, bien entendu. Or j'ai ouï dire que la vallée « de la Vanne était pleine de tourbières ; et alors : *tales* « *sunt aquæ qualis terra.* » Plus loin M. Grimaud dit encore ceci : « Mon soupçon est donc une certitude : *une eau qui* « *traverse des tourbières est une eau malsaine.* »

Un homme de lettres était seul capable de croire que des ingénieurs iraient prendre *des eaux de source* après qu'elles auraient *traversé un terrain tourbeux !*

Néanmoins c'est un fait à vérifier, et, si M. Grimaud, de Caux, veut le faire lui-même, il peut, en trois heures, se rendre à Sens par le chemin de fer de Lyon ; louer une voiture à l'hôtel de l'*Écu*, et, en moins de six heures, visiter les belles sources de Noé, de Theil, de Saint-Philibert et d'Armentières, qui sont aujourd'hui la propriété de la Ville.

Il reconnaîtra, nous en sommes convaincu, que leurs eaux n'ont aucun rapport avec les marais de la Vanne, puisqu'elles sortent de la craie à plusieurs mètres au-dessus du niveau de ces marais.

C'est donc adresser une injure gratuite au bon sens des ingénieurs que supposer qu'ils vont livrer aux Parisiens *des eaux de tourbières*.

M. Grimaud passe ensuite à cette objection qui démontre qu'il est un homme lancé dans le monde élégant et riche. Il admet, comme notre collègue Jolly, *que nul ne boit de l'eau trouble à Paris ; chacun a dans un coin sa fontaine, réservoir obligé pour chaque étage et chaque logement.*

Que M. Grimaud me permette de lui rappeler ce mot caractéristiqne d'une princesse à laquelle on disait que les gens du peuple manquaient de pain : *Eh! pourquoi ne mangent-ils pas de la brioche?* répondit la princesse, dans son ignorance de ce qui se passe dans l'immense majorité des humbles ménages du peuple.

Mais M. Grimaud, de Caux, n'est pas prince que je sache, et je ne le trouve pas excusable de croire qu'il *y a une fontaine filtrante dans tous les logements sans exception.* Il n'a pour excuse que l'opinion de M. le docteur Jolly, qui pense de même sur ce point. Mais une chose m'embarrasse : est-ce M. Jolly, médecin, qui pense comme M. Grimaud, homme de lettres, ou M. Grimaud, homme de lettres, qui pense comme M. Jolly, médecin ? Je ne sais. C'est à ces Messieurs à se disputer la priorité de cette découverte.

M. Grimaud passe à la qualité *fraîcheur*, et, pour cette qualité à laquelle nous tenons beaucoup, il la dénie aux eaux de source à peu près avec autant d'autorité que M. le docteur Jolly. Que le lecteur nous permette de le renvoyer à ce que nous avons opposé aux théories géologiques et météorologiques de M. Jolly (page 55).

Nous arrivons à la fameuse question de l'*aérage* de l'eau.

Aérage ! voilà un mot qui nous rejette dans les plus grandes perplexités.

Aérage, mot absent dans le Dictionnaire de l'Académie.

Aérage, subst. masc. terme de médecine; action d'*aérer* un lieu. Dict. de Napoléon Landais.

Aérage, s. m.; *aération*, s. f., synonyme de *ventilation*. Dict. de médecine de M. E. Littré et Ch. Robin.

Nous ne savions pas que *l'eau fût un lieu qu'on pût ventiler*, mais il faut bien passer quelques licences de langage à un homme de lettres. Pour lui le *style* est le point important; qu'importe le fond ! Et, en effet, le fond de la question de savoir si les eaux de source arriveront à Paris avec un *aérage* suffisant est traité, dans ce paragraphe de M. Grimaud, avec un renfort de *ventouses,* de *terrains fouillés* et *de coudes verticaux,* auxquels personne n'a jamais pensé, qui font beaucoup d'honneur à l'imagination de M. Grimaud, mais qui portent absolument à faux. Nous renvoyons, d'ailleurs, M. Grimaud, pour la question d'*aérage* de l'eau, aux développements que nous avons donnés à ce sujet dans notre réponse à M. le docteur Jolly (page 45).

L'*aérage* de l'eau conduit naturellement M. Grimaud à l'imputation inventée par M. Delamarre : à savoir que l'usage des eaux peu aérées transportées de 140 kilomètres jusqu'à Paris développera le goître. M. Grimaud cherche à s'appuyer sur l'opinion d'un honorable membre de l'Institut, qui aurait observé, à Milan, « *l'état de cette popula-* « *tion milanaise qui ne boit que de l'eau de source, de l'eau de* « *puits venant du pied des Alpes, et néglige l'eau du Naviglio.* »

Nous engageons M. Grimaud à consulter de nouveau l'illustre membre de l'Institut dont il invoque le témoignage et à lui demander s'il confond dans le même anathème les *eaux de source* et les *eaux de puits venant du pied des Alpes.*

Sont-ce les eaux de source ou les eaux de puits qui viennent *du pied des Alpes ?*

Enfin où sont les preuves que ce sont ces eaux qui donnent le goître ? Nous sommes encore obligé de renvoyer, pour cette discussion, à ce qui en a été dit, page 81, de notre réponse à M. Jolly, médecin, avec lequel, du moins, nous avons pu traiter une question de médecine ; mais avec un homme de lettres ! cela ne serait pas généreux, même de la part d'un ancien pharmacien.

M. Grimaud commence sa seconde lettre à M. le Préfet (car il y en a deux) par cette singulière boutade :

« J'ai dit que, dans cette question des eaux publiques,
« *vous alliez à tâtons*, que vous n'aviez pas de projet bien
« arrêté. Votre lettre à M. le Ministre de l'agriculture, con-
« tient, en effet, cette phrase : la Ville entend commencer
« ses travaux par l'aqueduc spécial venant des vallées de la
« Dhuis et du Surmelin. »

En vérité, voilà qui est trop fort ; quoi ! nous allons *à tâtons* parce que nous entendons commencer par l'aqueduc spécial de la Dhuis et du Surmelin !

Il n'y avait, assurément, qu'une personne au monde qui pût trouver le moyen d'exécuter un grand travail *sans le commencer.* Cette personne, c'est M. Grimaud.

Après ce trait nous devons nous arrêter ; il donne la mesure de la force de M. Grimaud, et nous avons probablement pris une peine inutile en réfutant un écrivain qui se réfute lui-même par de pareils raisonnements : *ex aliis alias.* C'est vous qui l'avez dit.

M. E. GIRARD,

ENTREPRENEUR CONCESSIONNAIRE DES EAUX DE NEVERS.

*Les erreurs de la commission d'enquête du projet de la Dhuis
sur mes observations à cette enquête et sur le projet de
dérivation de la Loire.* (Brochure in-4, imprimerie parisienne, rue d'Enghien, 14.)

———

Une personne très-éclairée, qui suit avec intérêt la
polémique engagée au sujet des projets de la Ville, nous
exprimait le regret que cette polémique, au lieu de se ren-
fermer dans les limites ordinaires des discussions scientifiques, ait pris un caractère d'aigreur et de personnalité
qu'elle n'aurait jamais dû avoir.

Nous mîmes alors sous les yeux de cette personne placide
quelques passages des articles de MM. Jolly, Delamarre,
Grimaud, de Caux et autres; nous lui fîmes de plus, remar-

quer que les articles de ces Messieurs, publiés dans des journaux politiques très-répandus, avaient eu d'innombrables lecteurs et que, quelle que fût la publicité donnée à la réponse, nous resterions toujours, sous ce rapport, dans une position très-défavorable.

Fallait-il encore, après les violentes et injustes attaques dont les projets et même les personnes engagées avaient été l'objet, traiter ces Messieurs en toute humilité chrétienne, et leur tendre la joue gauche, après qu'ils avaient frappé de leur mieux sur la joue droite ?

Nous avouons que notre patience n'a pu aller jusque-là. Après avoir mesuré nos adversaires, nous avons cru devoir saisir les mêmes armes et rendre coup pour coup et nous élever au même ton. Nous verrons de quel côté les rieurs se rangeront en définitive.

Voici un nouvel échantillon de la *manière* de ces Messieurs. Cette fois, c'est M. E. Girard qui parle dans une brochure grand in-quarto qui affecte les allures des *documents officiels*. Il est vrai que M. E. Girard, comme concessionnaire des eaux de Nevers, est presque un personnage officiel.

Le titre seul de son factum donne une idée avantageuse des piquantes révélations qu'on y va trouver : Les ERREURS de la commission d'enquête, etc. ! autrement dit les ERREURS des savants, des ingénieurs, des municipaux, etc., etc., à l'endroit de M. E. Girard, entrepreneur concessionnaire des eaux de Nevers. Quelqu'un qui, par hasard, aurait entrevu seulement ce titre : LES ERREURS de la commission d'enquête, se serait dit : Il faut que ce Monsieur E. Girard soit un terrible homme ; un savant, un ingénieur ; un statisticien de première force, pour briser ainsi en visière à des notabilités parisiennes assez haut placées !

En effet, voici comment M. E. Girard nous traite dans le cours de son in-quarto :

« — Quant à moi, ma philosophie me porte à sacrifier
« quelque chose à l'impérieuse volonté humaine, *même la*
« *plus déraisonnable.*

« — Je demande *au simple bon sens* de décider lequel a
« parlé plus sérieusement de la Commission ou de moi.

« — *La Commission se trompe.* Les mémoires de M. le
« Préfet, étant de 1854 et de 1858, n'ont pu rien dire de
« notre projet de dérivation de la Loire, qui ne date que
« de février 1859.

« — *J'attends donc encore la réfutation* de l'administration
« municipale, de même que j'attends l'autorisation, tant
« de fois sollicitée, de faire l'étude indiquée par le conseil
« général des ponts et chaussées.

« — *Voici une autre condition de mon acceptation* (du pro-
« jet de la Dhuis). »

Comme on voit, M. E. Girard traite sur le pied de puissance à puissance avec la ville de Paris et la commission
d'enquête. Il pose ses conditions : en sorte que, si la ville
de Paris n'accepte pas les *conditions* de M. E. Girard, elle
est menacée *de mourir de soif*, comme disent, pour la
Champagne, ses officieux défenseurs.

Mais examinons très-sérieusement les objections de
M. E. Girard.

M. E. Girard commence par remercier la Commission
d'avoir eu enfin la franchise d'avouer que son projet de la
Loire est une réserve pour l'avenir. Puis il ajoute que l'eau
de la Loire, mêlée à celle de la Dhuis, pourrait améliorer
celle-ci; ce qui explique pourquoi, *tout en signalant l'eau de
la Dhuis comme très-mauvaise,* il se *résigne cependant à la subir.*

Or, pour amener l'eau de la Loire dans les réservoirs
des eaux de la Dhuis, c'est-à-dire à $83^m,50$ au-dessus
de l'étiage de la Seine, il faudrait élever cette eau par une
machine spéciale, et M. E. Girard de s'écrier : « Pourquoi
« ne pas s'en tenir seulement à l'eau de la Loire, sans

« compliquer un aqueduc de machines élévatoires ? Pour-
« quoi ? pourquoi ?... Demandez-le aux fanatiques par-
« tisans *quand même* des eaux de source (1). »

Nous pouvons partir de ce paragraphe pour examiner
deux questions : la première, celle de savoir si les projets
de la Loire sont de M. E. Girard ; la seconde relative aux
raisons qui ont fait abandonner ces projets.

M. E. Girard est-il l'auteur du projet de dérivation de
la Loire ?

Non. Dans son mémoire du 16 juillet 1858, M. le Préfet
disait déjà : « Pour échapper à cette objection, un des
« nombreux projets qu'a fait éclore mon premier travail
« comprend un système de réservoirs voûtés, assez grands
« pour contenir la quantité d'eau nécessaire à Paris durant
« plusieurs mois. L'auteur propose de prendre *cette eau*
« *dans la Loire,* au moyen d'un canal d'alimentation (na-
« vigable comme celui de l'Ourcq) approvisionnant les ré-
« servoirs qu'il établirait dans quelqu'un des vallons
« élevés qui coupent les bois de Meudon. » Voici comment
s'exprimait M. Dumas dans son remarquable rapport du
18 mars 1859 :

« Le moment est venu de vous rendre compte du projet
« *ou plutôt de l'idée* qu'un ingénieur civil, dirigé sans doute
« par une ancienne pensée de Riquet et par des études
« plus récentes de la municipalité d'Orléans, a soumise à
« l'administration, en vue de dériver sur Paris les eaux de
« la Loire. »

Le projet dont il est question ici était de M. Radiguel,
ingénieur civil ; il remonte à 1856, ou même suivant lui,
à 1852. Tout en rendant justice aux bonnes intentions
de l'auteur, les ingénieurs ont facilement démontré que ce

---

(1) La brochure de M. E. Girard étant tout entière sur ce ton, nous nous dis-
penserons, dorénavant, d'en faire la remarque.

projet était à peu près inexécutable. Cette démonstration se trouvant dans les mémoires de M. le Préfet et dans le rapport de M. Dumas, il nous paraît inutile de la reproduire ici.

Trois ans plus tard, apparaît sur le même sujet un mémoire de M. Grissot de Passy, daté du 1er mars 1859. On y reconnaît, sans aucun doute, la main d'un ingénieur habitué à ces sortes de travaux; mais on voit aussi que, n'ayant pu travailler que dans son cabinet et sans aucune étude sur les lieux, M. Grissot de Passy n'a fait que modifier imparfaitement les projets de M. Radiguel.

Maintenant, comment se fait-il que M. E. Girard prétende s'emparer de ce travail et le donner comme sien ou tout au moins comme un simple développement de ses propres idées ! Nous avons vainement cherché à comprendre comment l'ingénieur chargé du service hydraulique d'un département se serait ainsi mis au service d'un entrepreneur, pour ébaucher en quelque sorte un projet sur une idée que cet entrepreneur lui aurait fournie. L'honorabilité des ingénieurs des ponts et chaussées est trop bien établie pour que nous admettions la version de M. E. Girard, et le projet de M. de Passy, bon ou mauvais, est bien de cet ingénieur, qui a cru devoir prendre l'initiative à cet égard et non de M. E. Girard, qui ne pouvait guère avoir puisé des idées de ce genre à Tours, où il était encore avoué il y a quelques années.

Mais nous allons faire connaître le véritable auteur ou, si l'on veut, le véritable point de départ de tous ces projets. Il se trouve dans un ouvrage de M. le baron Étienne de Marivetz intitulé, Observations sur quelques objets d'utilité publique, précédées d'une introduction et d'un discours préliminaire. Paris, Visse, 1786, volume in-8°.

Dans cet ouvrage on lit ce qui suit : « Exposition du se-« cond moyen de procurer à la ville de Paris une quantité

« surabondante d'eau pure et salubre, dont le cours sera
« perpétuel et qui pourrait être distribuée dans tous les
« quartiers de la grande ville.

« On pourrait, pour suppléer aux eaux de la rivière
« d'Eure, amener celles d'un autre fleuve, dont les qualités
« sont au-dessus de tout doute ; la Loire réunit tous les
« avantages qu'il paraît possible de désirer. Ce grand
« fleuve, en effet, descend de hautes montagnes granitiques
« ou volcaniques ; ainsi que l'Allier, ils coulent l'un et
« l'autre sur un lit de roc ou de sable vitrifiable, etc.

« Ces choses présupposées, il fallait déterminer la pos-
« sibilité de pouvoir dériver une quantité suffisante de
« l'eau de la Loire, et celle de l'amener à Paris à portée
« des quartiers les plus élevés de cette ville. Or ces possi-
« bilités résultent évidemment des nivellements faits par
« le célèbre Picard, dans les années 1674 et 1678. »

Ici M. de Marivetz décrit le parcours tracé par Picard
pour amener à Versailles les eaux de la Loire. Il en résulte
que ces eaux sont au biez de partage du canal de Briare,
au-dessus du sol de Notre-Dame de Paris ; mais, en suivant la Loire jusqu'à Briare, on trouve une hauteur de
262 pieds, qui dépasse de 58 pieds celle du sommet des
tours, d'où il suit que la Loire, à Briare, est plus élevée
qu'aucun quartier de Paris.

M. de Marivetz, considérant ensuite que Picard avait
étudié la dérivation de la Loire dans l'intention de conduire ses eaux à Versailles, trace lui-même avec sagacité
un autre parcours ayant pour point d'arrivée le sol de l'ob-
servatoire. Il prévoit la plupart des travaux qu'il conviendra
d'exécuter et, chose remarquable, il n'oublie pas le *filtrage
de l'eau du fleuve.*

« L'eau de la Loire, parvenue au réservoir de l'observa-
« toire à Paris, à une hauteur suffisante pour qu'elle pût
« être distribuée avec profusion dans tous les quartiers de

« Paris, n'entrerait dans le réservoir de distribution
« qu'après avoir traversé *des filtres de sable et de cailloux,*
« ainsi que nous l'avons déjà proposé pour le réservoir de
« l'eau de la rivière d'Eure. »

Ainsi donc, la conception première, basée sur l'élévation
des eaux de la Loire prises à une certaine distance d'Orléans, appartient à Riquet ou à Lahire. Picard survient qui
démontre, par des nivellements, la possibilité d'amener
les eaux à Versailles (1674-1678).

Le baron de Marivetz, dès 1786, utilisant les travaux de
Picard et les appliquant à Paris, trace un projet presque
complet auquel ne manque même pas la *nécessité du filtrage
des eaux de la Loire.*

En 1852, M. Radiguel, soit qu'il ait connu ou ignoré ces
précédents, propose un canal de la Loire au Havre passant
par Paris.

En 1856, il réduit son projet à un canal de dérivation
navigable, amenant les eaux de la Loire sur les hauteurs
de Meudon.

Sur les observations contenues dans une lettre de M. le
Préfet du 2 février 1857, M. Radiguel, fait une nouvelle
proposition en avril 1857. Dans ce projet il conduit les
eaux de la Loire sur les hauteurs de Bicêtre.

Enfin, le 1ᵉʳ mars 1859, M. Grissot de Passy fait paraître
son projet.

Mais ce projet n'était qu'une ébauche, ainsi que nous
l'avons déjà fait remarquer. Aussi le conseil général des
ponts et chaussées, disait-il dans une délibération du
9 mai 1859 :

« Que le projet de dérivation des eaux de la Loire
« mérite d'être pris en considération, et qu'il y a lieu d'en
« faire l'étude, sans attendre le résultat des enquêtes re-
« latives au projet de la Somme-Soude. »

En effet, tout était à faire pour l'étude de ce projet. Il

n'a pas fallu moins d'une année pour arriver à des propositions sérieuses, et le résultat définitif a été qu'avec une dépense de 44 millions on pouvait espérer de conduire à Paris, à l'altitude de 93 mètres, 100,000 mètres cubes d'eau de la Loire.

C'est le résultat de ces études sérieuses qui a permis à la commission d'enquête de dire qu'il n'y avait pas lieu de repousser d'une manière absolue le projet de dérivation de la Loire ; que ce projet était une réserve pour l'avenir.

Mais, après ce court résumé des projets fondés sur l'emploi des eaux de la Loire, on se demande ce qui reste à M. E. Girard et comment il a pu dire : « Aussi maintenant, « à l'aide du mémoire si net et si profond que M. de Passy « a soumis à l'examen du conseil général des ponts et « chaussées, mémoire que nous publions à la suite de cet « exposé, NOTRE IDÉE si hardie et si simple à la fois, de « dériver les eaux de la Loire pour les conduire à Paris, « est-elle devenue un projet clair, lucide, non-seulement « possible, mais facilement exécutable. »

Il est fort heureux, pour la modestie de M. E. Girard, qu'il ait écrit : *notre idée*, puisque cette idée, vieille de deux cents ans, était venue aussi à l'esprit de Riquet, de Lahire, de M. de Marivetz, de M. Radiguel, et probablement aussi de M. Grissot de Passy.

Nous pouvons donc répéter que M. E. Girard n'est, en aucune façon, ni pour la conception ni pour la rédaction, l'auteur du projet de dérivation des eaux de la Loire sur Paris.

Après avoir démontré que ce n'est pas M. E. Girard qui a découvert la Loire, nous devons exposer les raisons qui ont fait renoncer à cette dérivation, à laquelle on n'aura probablement recours, dans l'avenir, que quand il n'y·aura plus d'eau ni dans la Champagne ni dans le bassin de la Seine.

Les eaux de la Loire ont été repoussées pour Paris, exactement par les mêmes raisons qui les ont fait remplacer à Nevers par M. E. Girard lui-même. Voici, en effet, comment s'explique, à ce sujet, un document officiel dont M. E. Girard ne contestera pas l'authenticité :

« L'alimentation, du reste incomplète, de la ville de
« Nevers avait lieu depuis 1830, au moyen de l'eau puisée
« dans le lit même de la Loire, sur la rive droite de ce
« fleuve et en amont du pont, d'où elle était élevée, par
« une machine à vapeur, dans un réservoir construit sur
« le plateau de la cathédrale, dont l'altitude est insuffi-
« sante pour répondre à tous les besoins de la cité.

« *Ce liquide, subissant tous les effets de la température, des*
« *crues et aussi du voisinage des flaques d'eau croupissante*
« *sur la rive du fleuve lors des basses eaux, ne présentait donc*
« *pas les conditions de fraîcheur, de limpidité et de pureté qui*
« *caractérisent les eaux destinées aux usages domestiques.*

« C'est donc dans cette situation que MM. E. Girard et
« Robin-Duvernet ont proposé, d'après un projet dressé
« par M. l'ingénieur de Passy, et moyennant le payement,
« par la Ville, d'une annuité pendant cinquante ans, la
« fourniture de 600 mètres cubes d'eau pour le service
« municipal et de 200 autres mètres pour les abonnements
« particuliers, à faire à leur profit, des eaux de source de
« Jeunot et de Veninges, situées à une distance moyenne
« de huit kilomètres de Nevers et à des altitudes qui assu-
« reraient l'alimentation même des étages supérieurs des
« maisons situées sur les parties les plus élevées de la
« ville. »

Comme on voit, les eaux de la Loire distribuées à Nevers depuis 1830 remplissaient si imparfaitement les conditions de propreté et de salubrité qu'on doit exiger, qu'il fallut les remplacer par *des eaux de source*. C'est **M.** Girard qui en a fait la proposition de son plein gré, et qui a garanti, à ses

risques et périls, le succès de cette opération ; et c'est le
même E. Girard qui veut aujourd'hui, bon gré mal gré, gratifier la ville de Paris de ces mêmes eaux, dont on vient
de lire la description, sauf sans doute, pour la ville de Paris,
à recourir aux lumières et au talent de M. E. Girard, lorsqu'il sera démontré que les eaux de la Loire *subissent tous*
les effets de la température, ceux des crues et du voisinage des
eaux croupissantes lors des basses eaux.

M. E. Girard, le cas échéant, serait alors, les ingénieurs
faisant défaut, une précieuse ressource pour doter la ville
de Paris d'eaux de source aussi bonnes que celles de Jeunot et de Veninges : cependant examinons.

Voici ce que nous lisons encore dans ce document officiel
qui nous a fourni nos premiers renseignements :

« D'une part, des jaugeages anciens et récents annon-
« çaient que le débit des sources suffirait en tout temps à
« l'alimentation de la cité entière, et, d'autre part, l'analyse
« de leurs eaux, faite par MM. Chevalier et Lassaigne, en
« constatait la bonne qualité. La proposition présentée fut
« donc acceptée, et aussitôt le nouveau système d'alimen-
« tation reçut son exécution ; mais à peine l'œuvre fut-elle
« achevée, qu'à la suite des années exceptionnellement
« sèches qui suivirent, c'est-à-dire dès le mois d'octobre
« 1858, de nouveaux jaugeages, faits contradictoirement,
« en raison de l'alimentation insuffisante à laquelle on se
« trouvait alors réduit, firent reconnaître que le débit total
« des sources s'était abaissé à 556 mètres cubes seulement
« en 24 heures (1). »

Ainsi donc, M. E. Girard s'était engagé à donner à la
ville de Nevers, par 24 heures, 800 mètres cubes d'eau de
source, et voilà que, dès le début, il ne s'en trouve que
556 mètres. On dit bien que cette réduction a été causée

---

(1) Au lieu de 800 mètres qu'elles devaient donner.

par les années exceptionnellement sèches 1857 et 1858 ;
mais un homme aussi habile que M. E. Girard devait
prévoir cela. Il devait aussi prévoir « que les sources de
« Jeunot et de Veninges étaient fréquemment très-char-
« gées de carbonate de chaux et troubles à la suite de
« fortes averses. »

Mais nous ne sommes pas au bout des choses que
M. E. Girard n'avait pas prévues.

Les sources ne donnant donc plus que 556 mètres cubes
d'eau au lieu de 800, M. E. Girard dut chercher un expé-
dient. « Sans attendre aucune mise en demeure de la part
« de l'administration municipale, les concessionnaires pri-
« rent de suite l'initiative pour lui proposer l'établissement,
« sur la rive gauche de la Loire, d'une machine élévatoire
« qui, *au moyen d'un puits à fond filtrant*, devrait pouvoir
« élever quotidiennement, si le besoin s'en faisait sentir,
« la quantité totale de 800 mètres cubes d'eau qui serait
« filtrée naturellement. Cette proposition fut acceptée et
« reçut son application, et depuis, sous le rapport du
« volume du liquide à fournir et bien que les eaux du
« fleuve soient descendues au-dessous de l'étiage et malgré
« le faible débit des sources, les conditions du traité ont
« été remplies. »

Par conséquent, après avoir supprimé l'eau de la Loire
et l'avoir remplacée par des eaux de source, M. E. Girard,
trompé dans ses calculs à l'égard de celles-ci, a dû revenir
à la Loire. Tout cela ne paraît guère encourageant, surtout
pour la ville de Paris, qui n'aurait pas 800 mètres cubes
d'eau à demander à M. E. Girard, mais bien 100,000 mètres
cubes au moins.

Mais enfin, puisqu'il s'agirait, en ce cas, d'eau de Loire,
voyons si du moins M. E. Girard a fait ses preuves en ce
point.

Des documents officiels vont encore nous éclairer.

« En effet, on voit, au tableau des opérations contradic-
« toires qui ont eu lieu, du mois de novembre 1859, au
« mois de février 1860, alors que les eaux de la Loire
« s'élevaient au moins à 1^m,11^c au-dessus de l'étiage, que,
« dans cet état de choses, alors même que ces eaux étaient
« notablement troubles, celles du puits restaient limpides
« et présentaient encore toutes les qualités d'une eau
« potable. Mais depuis, de nombreuses observations ont
« fait reconnaître que, lors des basses eaux dans le fleuve,
« il en était autrement. Ainsi, effectivement, en ce moment
« par exemple, où les eaux du fleuve sont depuis longtemps
« au-dessous de l'étiage et que leur limpidité est parfaite,
« le puits de la machine des fontaines publiques *ne donne*
« *qu'un liquide souvent notablement trouble et presque toujours*
« *d'une odeur de vase et d'un goût fort désagréable;* ce qui,
« dans les circonstances actuelles, constate évidemment
« l'influence des mares aux eaux croupissantes en cette
« saison et situées à des distances plus ou moins rappro-
« chées du plateau de la rive gauche de la Loire où ce puits
« a été creusé. »

Cet extrait d'un rapport officiel suffirait pour prouver
que les travaux qui ont eu pour objet de compléter la fourniture des eaux de la ville de Nevers par des eaux de la
Loire ont été exécutés dans des conditions bien impar-
faites; mais voici ce qui nous est parvenu par d'autres voies
non moins sûres :

« — Tout le monde se plaint de la mauvaise qualité
« de cette eau, qui contient continuellement à sa sur-
« face une couche graisseuse, et se trouble très-prompte-
« ment, devient floconneuse et se gâte très-rapidement.

« — Cette eau a été prise à un moment où le puisage
« dans la prise d'eau n'était pas encore actif; lorsque le
« puisage est presque continu, l'eau est élevée au fur et
« à mesure qu'elle arrive avec sa vitesse de filtration, et

« alors elle tient en suspension ce limon impalpable que
« l'on retrouve dans toutes les eaux claires de la Loire.
« Aussi, à la date du 12 septembre, on nous écrit de Nevers :
« Depuis quelque temps, la première eau que l'on tire du
« robinet de ma maison, le matin, est excessivement sale,
« et elle ne devient claire qu'après qu'une assez grande
« quantité s'est écoulée. Elle est chargée d'un limon rou-
« geâtre ou sable excessivement fin, qui salit le ruisseau
« absolument comme le ferait une eau ferrugineuse...; la
« machine ne fonctionnant pas la nuit, il se peut que l'eau,
« séjournant dans les conduits, y dépose du limon pendant
« la nuit, et que la première eau du matin entraîne avec
« elle ce limon..... »

Enfin, de l'eau provenant de la machine à vapeur dont
il s'agit, ayant été envoyée à Paris, au bureau des essais,
on a trouvé, à plusieurs reprises, qu'elle donnait 25 degrés
à l'hydrotimètre.

Tels étaient les renseignements qui étaient en notre possession, lorsque nous avons eu connaissance des prétentions émises par M. E. Girard dans sa brochure intitulée,
Erreurs de la Commission d'enquête, etc.

Dans cette brochure M. E. Girard invoque sans cesse des
documents déposés à la mairie de Nevers ; nous venons
d'en donner quelques extraits qui ne répondent pas précisément aux vues de M. E. Girard.

Dans cette situation et ne voulant rien laisser à l'état
d'incertitude, nous avons pris la route de Nevers afin de
tout voir de nos propres yeux.

Le hasard nous a mis en présence, dès le premier moment, de quelques cantonniers qui arrosaient la chaussée
du pont. L'eau qui s'écoulait des tuyaux nous parut trouble,
elle l'était en effet ; en la goûtant, nous lui avons trouvé,
à notre grand étonnement, une saveur ferrugineuse très-
prononcée. En parcourant la ville, nous avons pu voir

dans le bassin d'une fontaine publique un dépôt ocracé très-sensible.

Enfin, nous étant transporté au puits lui-même, dans lequel la machine à vapeur prend l'eau qu'elle envoie à la ville, nous avons trouvé à son eau les mêmes caractères.

Cette eau, recueillie dans des bouteilles, a bientôt formé un dépôt floconneux, évidemment ferrugineux.

La présence du fer nous a fait comprendre la formation de cette pellicule qui a été probablement considérée à tort comme de nature graisseuse.

Enfin l'eau du puits, essayée à plusieurs reprises par le procédé de l'hydrotimétrie, a donné constamment 23°.

De tout ce qui précède il nous est assurément bien permis de conclure que la tentative d'application des eaux de la Loire aux usages d'une ville, faite à Nevers par M. E. Girard, a tourné directement contre les prétentions qu'il a mises en avant dans ses divers écrits.

Après avoir renoncé aux eaux de la Loire en raison de leurs imperfections, M. E. Girard n'a eu qu'un succès fort contestable en voulant aménager des eaux de source. M. E. Girard avoue lui-même que ce *succès* lui a coûté 60.000 francs, sans compter les frais d'entretien de la machine à vapeur pendant cinquante ans.

Puis, quand il a dû revenir à la Loire, faute de mieux, il n'a su donner à la ville de Nevers que des eaux de mauvais goût, troubles, ferrugineuses et marquant 23 degrés à l'hydrotimètre, au lieu des 7 à 8 degrés que donnaient les eaux de la Loire au même moment.

Il faut convenir que ce ne sont pas là des précédents bien engageants pour un homme qui se présente pour être le concessionnaire des eaux d'une ville de 1,600,000 habitants.

Mais poursuivons en quelques autres points l'examen de la brochure irrévérencieuse de M. E. Girard.

A plusieurs reprises, M. E. Girard a fait grand bruit de l'avantage qu'avait son projet de ne faire naître aucune opposition, de ne léser aucun intérêt. Nous prenons au hasard une phrase dans laquelle se montre cette prétention.

« Les travaux de prise d'eau de Loire et de sa dérivation,
« loin de léser aucun intérêt, de soulever ces graves re-
« proches de dommages que les habitants de la Marne
« présentent sous toutes les formes et de donner lieu aux
« indemnités considérables et achats qu'occasionnerait le
« projet municipal, n'entraîneraient aucune acquisition
« d'eau et seraient un bienfait pour les habitants des
« contrées où ils s'effectueraient. »

Il faudrait être bien malavisé pour ne pas se rendre à de si bonnes raisons. Non-seulement le projet de M. E. Girard dispenserait d'acheter de l'eau et de payer des indemnités considérables, mais encore il ne soulèverait aucune objection, et serait considéré *comme un bienfait par les contrées que traverseraient les travaux.*

Nous allons voir que tout le monde ne partage pas l'optimisme de M. E. Girard. Voici comment s'exprime un rapport fait au conseil général du Loiret, au nom de la commission des travaux publics et dont l'impression a été ordonnée :

« En mai 1857, un projet d'alimentation de la ville de
« Nevers par des eaux de source fut dressé par M. de
« Passy.

« Le rapport disait :
« *L'eau de la Loire, amenée par la pompe à feu, est bour-*
« *beuse pendant tout l'hiver et à l'époque de chaque crue ;*
« *chargée, en tout temps, de matières étrangères qui restent*
« *déposées au fond des vases, souvent elle a une odeur et une*
« *saveur repoussantes, dues soit au voisinage d'eaux stagnantes,*
« *soit à la vase et aux détritus de toute nature que la Loire*

« *charrie dans son cours ; enfin elle arrive chaude pendant tout*
« *l'été* (1).

« Le refus motivé par la ville et l'arrêt prononcé par
« M. de Passy lui-même nous font espérer que la Loire
« gardera les 6 mètres cubes par seconde ou plus de
« 500,000 hectolitres par jour qu'il s'agit de lui enlever,
« c'est-à-dire plus du cinquième du débit du fleuve à
« l'étiage d'Orléans en 1858.

« Si même on suivait entièrement l'idée de M. de Passy,
« l'emprunt fait à la Loire serait beaucoup plus considé-
« rable, car il dit qu'il pourrait donner de l'eau à Or-
« léans (50 litres par seconde) 43,200 hectolitres par jour ;
« il en donnerait également à la Beauce, à Pithiviers, à
« Étampes et à d'autres villes situées sur le parcours de la
« dérivation.

« Cette généreuse distribution de l'eau de notre fleuve
« pourrait mettre à sec le port d'Orléans, surtout si on
« exécutait le grand canal de la Sologne entre Châtillon et
« Montrichard. Pour ce canal il faudrait prendre à la Loire
« $7^m,50^c$ par seconde, soit, avec les 6 mètres enlevés
« par M. de Passy, près de la moitié du débit du fleuve.

« Mais, outre le coup mortel qui serait porté à la navi-
« gation, outre la ruine de la classe nombreuse qui lui
« demande son existence au prix d'un labeur pénible, la
« prise d'eau projetée donnerait naissance à des dangers
« même ; car la diminution du volume d'eau mettrait à nu
« les rives du fleuve qui, près des villes surtout, seraient
« couvertes de matières organiques en décomposition ; il

(1) Voilà sous quel aspect agréable M. Grissot de Passy, inspiré par M. E. Girard (suivant celui-ci), présentait l'eau de la Loire, lorsqu'il s'agissait de faire
accepter des eaux de source par la ville de Nevers ; puis, quand il convient à
M. E. Girard d'offrir à la ville de Paris cette même eau de la Loire, il produit une
foule de certificats desquels il résulte que l'eau de la Loire, *prise en plein courant* est la plus excellente, la plus parfaite de toutes les eaux potables passées,
présentes et futures.

« est évident que les émanations compromettraient la
« santé publique, etc., etc.

« Votre commission des travaux publics, entièrement
« convaincue, vous propose d'adopter le projet de délibé-
« ration suivant :

« Le conseil général,

« Vu l'avis du conseil d'arrondissement d'Orléans ; con-
« sidérant que le débit de la Loire est à peine suffisant,
« quand les eaux sont basses, pour, à l'aide de fréquents
« chevalages, satisfaire aux besoins du commerce et de la
« navigation ;

« Considérant qu'il serait urgent d'améliorer le régime
« des basses eaux du fleuve en augmentant, s'il est pos-
« sible, et en réglant son débit, surtout dans le départe-
« ment du Loiret ;

« Qu'il serait, conséquemment, impossible de diminuer
« son volume d'eau sans porter préjudice au commerce et
« à la navigation ;

« Considérant que le projet de dérivation de la Loire
« sur Paris, proposé par M. de Passy, enlèverait au moins
« 500,000 mètres cubes d'eau par jour, soit 20 pour 100
« du débit de l'étiage d'Orléans ; attendu que, par suite
« de l'adoption de ce projet, la navigation, déjà si diffi-
« cile, deviendrait probablement impossible ; que, consé-
« quemment, les intérêts du commerce seraient mortelle-
« ment blessés, surtout s'il fallait encore prendre de 7 à
« 9 mètres cubes d'eau par seconde pour le grand canal
« de la Sologne ;

« Considérant que, d'ailleurs, la santé des populations
« du littoral pourrait être compromise par des exhalaisons
« malsaines émanant d'eaux stagnantes impuissantes à
« s'ouvrir un passage à travers les sables et retenant, en
« outre, des matières organiques en décomposition ;

« Considérant, enfin, que les usines mues par le Loiret

« seraient gravement menacées, puisque ses sources sont
« alimentées par des infiltrations de la Loire,

« Émet le vœu qu'il ne soit pas donné suite au projet
« de dérivation de la Loire sur Paris proposé par M. Gris-
« sot de Passy.

« Un membre fait observer qu'on demande, pour
« cette dérivation, à prendre dans la Loire 15 mètres
« cubes d'eau par seconde ; que, d'un autre côté, on pro-
« posait naguère d'en prendre 7 mètres et 1/2 pour le canal
« de la Sologne ; or, le débit de la Loire étant de 30 mètres
« cubes par seconde à l'étiage du pont d'Orléans, il en ré-
« sulte que, au cas d'exécution de ces deux projets, il ne
« resterait plus d'eau dans le fleuve.

« La délibération est adoptée. »

Voilà un échantillon de la reconnaissance qui reviendrait
à la ville de Paris si elle s'avisait d'exécuter le projet de
MM. E. Girard et Grissot de Passy. Qu'on juge quelles cla-
meurs aurait soulevées ce projet si, au lieu d'être repoussé,
dans la personne de M. Radiguel, dès 1858, par M. le
Préfet, il avait paru sourire à l'administration de la capitale !

La verve de M. E. Girard s'est exercée avec une rare dé-
sinvolture sur un autre argument dans lequel il paraît se
complaire singulièrement.

Suivant lui, la dérivation des eaux calcaires de la Champagne va condamner la population de Paris à une consommation incalculable et ruineuse de savon de Marseille.

La Seine elle-même ne trouve pas grâce devant M. E. Girard ; elle aussi, avec ses 17 à 18 degrés hydrotimétriques,
cause un énorme préjudice à la ville, qu'elle baigne de
ses eaux. La Loire seule, avec ses 3 *degrés hydrotimétri-*
ques, peut permettre de savonner avec avantage les che-
mises et les chaussettes des Parisiens.

Nous venons de faire voir à quelles récriminations s'est déjà exposé M. E. Girard de la part des Orléanais.

Mais, grands dieux! à quels dangers ne s'expose-t-il pas en soulevant imprudemment la faconde provençale des Marseillais à l'endroit de la consommation du savon? Nous pourrions certainement nous contenter d'abandonner M. E. Girard à la Cannebière et à la rue Saint-Ferréol.

M. E. Girard ne sortirait pas entier de cette lutte; mais nous n'irons pas si loin chercher du secours pour battre M. E. Girard sur la Loire, et à propos de savon; nous avons les mains pleines de bonnes raisons.

Et, d'abord, que M. E. Girard nous permette de lui dire que son hydrotimètre ne vaut rien; il faut absolument qu'il l'échange contre un plus exact. Suivant lui, la Loire ne donnerait que 3 degrés à l'épreuve de cet instrument (1).

Or M. E. Girard est le seul *chimiste* qui ait obtenu un pareil résultat.

MM. Boutron et Boudet, qui s'y connaissent apparemment, ont trouvé que l'eau de la Loire, puisée en mars, donnait, à Tours, 5°,5, et 5°,5 à Nantes.

M. Rabourdin, d'Orléans, a trouvé 6 degrés.

M. Belgrand a trouvé,

Le 24 mai 1859, à Cosne, 5°,90;

Le 24 mai 1859, à Neuvy, 6°,80;

Le 22 juin 1859, à Blois , 7°,80.

MM. Lefort et Robinet ont trouvé de 7 à 8 degrés à de l'eau de Loire puisée en plein courant, à Nevers, en septembre 1861.

Pour avoir une idée bien exacte de la composition de l'eau de la Loire, il faudrait éprouver cette eau pendant une année au moins, de semaine en semaine, car on sait

(1) Ailleurs M. Girard parle de 4 degrés, de 5 degrés.

combien est capricieux le cours de ce fleuve; mais ce que nous connaissons aujourd'hui nous permet d'affirmer que M. E. Girard, en an'nonçant que l'eau de la Loire ne donne que 3° à l'hydrotimètre, s'est livré à une de ces exagérations qui lui sont familières.

Dans les recherches qui ont été nécessitées par cette discussion, nous avons déjà soumis à l'épreuve hydrotimétrique plus de 80 espèces d'eaux. Voici les degrés de quelques-unes de celles que nous avons eues à notre disposition; ce sont des eaux potables et usitées, puisées, en 1861, avant les pluies, l'eau du Nil exceptée, puisée, en 1849, dans une citerne d'Alexandrie.

	Degrés hydrotimétriques.
Allier, à Moulins.	7
Loire, à Nevers.	8
Canal du Nivernais, à Nevers.	8
Nil.	10,5
Puits artésien de Grenelle.	11
Puits artésien de Passy.	12,5
Sources de Moulins.	13
Soude, à Vatry.	15
Vesles, à Reims.	16
Saône, à Mâcon.	16
Seine, à Port-à-l'Anglais.	20
Oise, à Conflans.	21
Seine, à la Fontaine de Marnes.	22
Seine, à Conflans.	22
Sources de Nevers.	23
Marne, à Épernay.	23,5
Sources de Laon.	40

Comme on le voit, la Loire se trouve, avec l'Allier, au premier rang des eaux potables, avec 7 à 8 degrés hydrotimétriques; mais prétendre qu'elle n'a marqué que 3 degrés, c'est évidemment une erreur.

Voici maintenant pourquoi nous avons insisté sur cette erreur de M. E. Girard.

En partant de ces 3 degrés de contenance calcaire et en les comparant aux 18, 20, 23 et même 25 qu'il attribue généreusement à d'autres eaux, M. E. Girard se livre à des calculs fantastiques, desquels il conclut que l'emploi de l'eau de la Dhuis ferait faire, et même que celle de la Seine fait faire à la population de Paris, des pertes fabuleuses de *savon, de café, thé, orge, potasse, garance, poudre d'écorces*, etc.

Pour que nos lecteurs ne nous soupçonnent pas capable d'une exagération ridicule, il faut absolument que nous mettions sous leurs yeux le texte même de M. E. Girard.

« J'ai dit que cette perte, résultant de l'impureté de
« l'eau, IMMENSE si l'on supputait exactement tous les em-
« plois de l'eau, pourrait être diminuée peut-être de CENT
« MILLIONS de francs par an, si l'usage de l'eau de la Loire,
« marquant à peine 5 degrés d'impuretés, était substitué à
« celui de l'eau de la Seine marquant 18 degrés, de l'eau de
« la Dhuis mesurant 23 degrés d'impuretés, et des eaux de
« la Dhuis, de la Somme-Soude et de la Vanne réunies,
« marquant une moyenne de 16 à 17 degrés d'im-
« puretés. »

Il faut convenir que les Parisiens seront bien aveugles s'ils souffrent qu'on leur fasse ainsi dépenser, chaque année, 100 millions de plus en leur livrant pour tous les usages les eaux de la Seine ou celles de la Champagne.

Dans un autre passage, M. E. Girard dit avec une imperturbable assurance :

« J'ai démontré que, par l'usage de l'eau de la Loire
« comparée même à l'eau de la Seine, l'économie de savon
« pour le blanchissage du linge dans Paris serait de
« 11 millions de francs par an. L'économie sur l'eau de la
« Dhuis appliquée à tout Paris serait au moins de 15 mil-
« lions de francs. »

Ce serait vraiment abuser de la patience de nos lecteurs que de leur présenter des calculs pour réfuter l'absurdité de ce chiffre *de* 100 *millions d'économie* que pourraient faire les Parisiens sur leur café, leur thé, leur tisane d'orge et leurs lessives.

Quant à l'économie sur le savon, M. E. Girard la porte à 15 millions de francs pour le cas où Paris serait approvisionné en eau de Loire et non en eau de la Champagne. L'économie sera de 11 millions si la Loire remplace la Seine.

Nous ne prendrions pas la peine de démontrer la fausseté des calculs de M. E. Girard si on n'avait pas fait valoir ailleurs cet argument de l'économie que doit procurer aux Parisiens tantôt la Seine substituée à la Dhuis, tantôt la Loire substituée à la Seine. Voyons donc ce qu'il en est.

Et d'abord nous déclarons qu'il nous a été impossible de comprendre de quelles bases était parti M. E. Girard pour arriver à de pareils chiffres.

En consultant la statistique de l'industrie parisienne, nous voyons qu'en 1847 il y avait, à Paris, 4,847 blanchisseuses pour une population de 1 million. Le chiffre de leurs affaires était de 12,060,187 francs, employés presque entièrement en main-d'œuvre.

En divisant ce chiffre par celui des habitants, on trouve que la dépense moyenne de blanchissage aurait été de 12 francs par personne et par an. Il résulte de ce chiffre, ce que tout le monde sait d'ailleurs, que la plus grande partie du linge de Paris est blanchie aux environs de la capitale.

Or il est évident que, alors même que l'eau de la Loire aurait été conduite à Paris, elle n'irait pas alimenter les lavoirs de Boulogne, Sèvres, Neuilly, Arcueil, etc., etc.

C'est donc dans Paris seulement qu'il faut chercher l'économie promise par M. E. Girard. Nous lui accorderons qu'il a fait son calcul sur les 1,500,000 habitants de 1860, et non sur le million de 1847. En cette année-là on aurait donc fait une économie de 7,333,332 francs en savon par la substitution de l'eau de la Loire à l'eau de la Seine.

Mais comment faire une économie de plus de 7 millions en savon sur une recette de 12 millions employés en très-grande partie en main-d'œuvre?

Ce n'est pas tout ; il résulte, de renseignements que nous avons pris, qu'il arrive à Paris, annuellement, 60,000 caisses de savon de Marseille, pesant net chacune, en moyenne, 150 kilogrammes, ce qui fait bien 9 millions de francs, le prix moyen étant de 1 fr. le kilogramme.

Or, en supposant même que tout ce savon soit employé dans Paris, et il s'en faut de beaucoup, comment faire une économie de 11 millions sur 9 millions de savon?

Terminons par quelques-uns de ces détails que tout le monde peut vérifier.

En province, quand on ne blanchit pas une domestique, on lui donne 1 kilog. de savon par an. Admettons que les Parisiens (ce qui est probable) exigent pour l'entretien de leur linge une consommation triple de savon, on aura, pour les 1,600,000 habitants de Paris, une consommation de 4,800,000 kilog. du prix de 4,800,000 francs. M. E. Girard était seul capable d'offrir le moyen d'économiser 11 millions sur moins de 5 millions.

Et qu'on ne croie pas que notre chiffre soit pris au hasard. Non, vous pouvez très-probablement vous assurer de son exactitude sans sortir de chez vous.

Dans un très-grand nombre de maisons, à Paris, on trouvera un ménage d'ouvriers dans lequel la femme sera la blanchisseuse de la famille. Interrogez-la, et vous apprendrez qu'il ne faut pas plus de 500 grammes de savon par mois pour blanchir le linge de deux personnes très-propres, ce qui fait bien 3 kilog. par an et par personne.

Au besoin, adressez-vous à votre épicier : il confirmera ce chiffre. Nous arrivons donc encore ainsi à une consommation de 4,800,000 kilog.

Enfin, en supposant exacts les éléments d'appréciation sur lesquels M. E. Girard a fondé son argumentation, tous ses calculs porteraient à faux, puisqu'il suppose qu'on emploierait, pour le savonnage, de l'eau de la Loire marquant 3 degrés à l'hydrotimètre.

Or non-seulement c'est sur de l'eau marquant de 6 à 8 degrés qu'il aurait fallu baser les calculs, en admettant qu'on usât de l'eau de Loire *non filtrée*, mais encore sur de l'eau bien moins pure encore, puisque ce n'est pas de l'eau non filtrée que M. E. Girard veut nous donner, mais bien de l'eau puisée dans des galeries filtrantes. Or il est surabondamment démontré que, étant prise dans la nappe souterraine, l'eau de la Loire marquerait de 23 à 25 degrés *en calcaire;* elle serait donc inférieure à l'eau de la Seine et même à l'eau de la Dhuis, au point de vue de la consommation du savon.

Comme on voit, de quelque façon que nous envisagions la question et le cadeau de 11 millions que M. E. Girard veut faire aux blanchisseuses, nous arrivons toujours à l'absurde; c'est fâcheux, mais c'est ainsi (1).

Arrêtons-nous ici sur les calculs statistiques de M. E. Girard.

Ce qui précède est plus que suffisant pour démontrer que le concessionnaire des eaux de Nevers ne s'est créé

---

(1) Il nous vient à l'esprit un dernier raisonnement. La production totale du savon en France est d'environ 47 millions de kilog. Comment admettre que Paris, même avec ses 1,600,000 habitants, puisse consommer le quart de cette marchandise ?

aucun droit à devenir concessionnaire des eaux de Paris, soit qu'on examine ses écrits et ses calculs, soit qu'on apprécie ses actes.

L'affaire de Nevers portant sur 800 mètres cubes d'eau est une affaire manquée et décousue. Comment M. E. Girard aurait-il pu mener à bonne fin une dérivation de 100,000 mètres cubes d'eau de la Loire, pure, filtrée, fraîche en été, tempérée en hiver?

A la vérité, M. E. Girard a trouvé des auxiliaires.

L'un d'eux n'a pas craint d'intituler ainsi un de ses chapitres : *Le système des sources pour alimenter Paris est impraticable.*

Que l'on discute la qualité des eaux, les moyens de l'élever, de la filtrer, etc., la dépense et autres éléments de la question, nous trouvons cela fort naturel ; mais poser en axiome que *le système des sources pour alimenter Paris est impraticable,* c'est porter la discussion sur un terrain où nous ne suivrons pas l'auteur de cette étrange assertion : les faits se chargeront de lui répondre.

M. E. Girard a trouvé un second et vigoureux partisan en M. J. Girard, qui a pris, dans le journal *le Siècle,* la défense de son *homonyme*; car, ainsi qu'il le déclare lui-même, M. J. Girard n'a aucune relation de parenté ni même d'amitié avec M. E. Girard, ce qui donne à son intervention un caractère d'impartialité auquel nous nous empressons de rendre hommage.

M. J. Girard donc, se proposant de faire valoir le proje de la Loire, aux dépens de tous les autres, commence par le commencement. Il démontre de son mieux qu'il faut absolument renoncer à la Seine. Son argumentation, éditée par un journal de l'opposition, convaincra peut-être M. Delamarre sur ce point : que nous ne sommes pas seuls à repousser l'eau de la Seine comme *moyen unique ou principal* d'alimenter Paris; de plus, que l'administration de la Ville n'est pas seule de son avis lorsqu'elle donne la préférence à un système d'aqueducs sur un système de machines à vapeur, puisque dans le projet de la Loire on établirait un aqueduc ne différant de ceux de la Champagne que par la nature des eaux qu'il aurait à contenir.

Dût-on nous accuser de n'avoir pas su éviter quelques répétitions, nous rapporterons ici, pour l'édification de plusieurs de nos adversaires, la partie des articles de M. J. Girard qui traite de l'eau de la Seine.

. . . .

« D'autre part, l'eau de la Seine est viciée par les dé-
« tritus et matières organiques versés pendant son par-
« cours dans l'étendue de Paris, et ne présente, dès lors,
« qu'une boisson d'une qualité très-contestée ; et l'eau du
« canal de l'Ourcq, qui forme son supplément principal,
« n'est réellement bonne que pour les usages publics, tels
« que l'arrosement des rues et le nettoyage des égouts,
« ou pour faire marcher les usines et servir aux établisse-
« ments industriels que Paris contient aujourd'hui en si
« grand nombre.

« Aussi la question de l'alimentation de Paris par les
« eaux de la Seine est-elle dès ce moment jugée, et tous
« les efforts tentés par quelques personnes pour leur faire
« donner la préférence doivent inévitablement demeurer
« sans résultat.

« On propose bien de faire la prise d'eau en amont et à
« plusieurs kilomètres au-dessus de Paris, c'est-à-dire à
« un point où elle n'est pas encore salie par les impuretés
« dont nous avons parlé. Mais, outre que cette eau ne
« peut être élevée à la hauteur ou altitude que l'on peut
« désirer, de 83^m,50 au-dessus du niveau de la mer, pour
« desservir les quartiers hauts de la ville de Paris, il est
« incontestable que, dans un temps peu éloigné, surtout
« à raison du reculement du mur d'octroi, il s'établira sur

« les deux rives de la Seine, à ce point même de la prise
« d'eau, et peut-être encore au delà, un grand nombre
« d'industries qui enlèveront à cette eau sa pureté actuelle,
« et qu'alors la dépense très-considérable que l'on aura
« faite pour l'employer aura été en pure perte.

« Enfin les eaux de la Seine ne pourraient jamais ar-
« river à l'état de fraîcheur désirable ; elles seraient tièdes
« ou presque chaudes une partie de l'année, et il faudrait
« les faire rafraîchir pour les boire, ce qui est une condi-
« tion fort incommode.

« Il faut donc, quoi qu'on en puisse dire, aviser à un
« autre moyen de se procurer l'approvisionnement d'eau
« si urgent pour l'immense cité parisienne. »

Cet exposé, dont M. J. Girard a pu trouver tous les éléments dans les discussions qui ont été soulevées à propos
des eaux de Paris, ne manque pas de vérité ; mais il eût
fallu le compléter en ajoutant : que la plupart des objections faites à la Seine pouvaient s'appliquer non moins
justement à la Loire. Comme la Seine, la Loire est trouble
pendant une partie de l'année, et cet état constitue un obstacle sur la valeur duquel nous sommes en mesure d'édifier le public.

Nous pensons qu'on lira avec intérêt un extrait du rapport fait, à ce sujet, par un ingénieur en chef parfaitement désintéressé dans la question des eaux de Paris.

« L'ingénieur en chef du département de la Loire à M. Camoy,
« inspecteur général.

« Je possède, en ce qui concerne l'importance des li-
« mons entraînés par les eaux de la Loire, des renseigne-
« ments très-complets. Pendant cinq années consécutives
« j'ai fait constater, chaque jour, presque sans interrup-

« tion, le poids exact des matières solides en suspension
« dans les eaux de la Loire. C'est *des régions supérieures*
« que nous arrivent toutes les saletés qui viennent si sou-
« vent troubler la limpidité de nos eaux.

« Le Cher, la Vienne, l'Indre, tous les affluents de la
« Maine roulent, même dans leurs crues, des eaux relati-
« vement claires. Toute intermittence, si faible qu'elle soit
« à l'échelle de Digoin, a pour corollaire inévitable, à
« Nantes, après six ou sept jours écoulés, une altération
« profonde de la pureté de l'eau.

« Les expériences que j'ai faites avaient pour objet
« principal l'étude d'un projet de distribution d'eaux à
« Nantes. Ce projet a reçu son exécution et fonctionne
« depuis près de deux ans.

« Notre grande, je pourrais dire notre seule difficulté
« naît *des eaux sales* que nous envoie la Loire supérieure
« dans ses crues. *Nous n'avons pu, jusqu'ici, parvenir à les*
« *filtrer d'une manière satisfaisante.* Aussi nous cherchons
« à leur échapper en remplissant, avant l'arrivée de la
« crue, les réservoirs destinés à l'alimentation des con-
« cessions particulières, qui sont desservies par un réseau
« spécial de conduites. On ne jette ainsi qu'à la dernière
« extrémité, sur les filtres, les eaux sales de la haute
« Loire ; mais, pour faire à propos ces manœuvres, nous
« avons besoin d'être exactement informés à l'avance de
« l'approche des crues.

« Les crues qui troublent profondément l'eau, à Nantes,
« et qui la chargent d'une grande quantité de limon, sont
« celles qui sont engendrées par les pluies tombant sur les
« versants imperméables *des régions supérieures de la Loire*
« *et de l'Allier.*

« On distingue, à Nantes, au premier coup d'œil, à leur
« couleur rougeâtre, les eaux de crue s'écoulant des af-
« fluents supérieurs ; celles-là seules sont limoneuses et

« fécondantes. Les eaux de crue des rivières autres que la
« Loire supérieure et l'Allier se reconnaissent à leur teinte
« blanchâtre, et ne peuvent contribuer que dans des pro-
« portions infimes au colmatage et à la fécondation des
« terrains bas. Les eaux sales déposent assez rapidement.
« Un dépôt de vingt-quatre heures précipite les deux tiers
« ou les trois quarts des matières en suspension ; mais ce
« qui reste alors est beaucoup plus tenace. Il faut, suivant
« les cas, de dix à dix-huit jours pour que le dépôt soit
« complet. *Les eaux sales des affluents supérieurs résistent*
« *aux meilleurs filtrages mécaniques ; elles conservent même,*
« *à la sortie des filtres en pierre (système Ducommun), une*
« *teinte blanchâtre qui ne cède qu'à l'emploi de l'alun.*

« Nous avons eu soin d'établir, au moyen d'un certain
« nombre d'expériences, la relation qui existe entre les
« eaux prises à la surface et les eaux prises à 2 mètres de
« profondeur.

« *Les eaux de la couche inférieure contiennent un sixième*
« *à un quart en plus de matières en suspension.*

« L'ingénieur en chef,

« SEGON. »

Mars, 1858.

Voilà ce qui concerne la Loire à Nantes. Voyons ce qu'on
en pense à Orléans, plus rapproché de 306 kilomètres du
point où il s'agirait, selon M. J. Girard, d'établir la dérivation. On lit ce qui suit dans les rapports présentés au conseil municipal d'Orléans dans la session de novembre 1860,
par conséquent alors que les résultats constatés à Nantes
se reproduisaient depuis quatre ans.

« L'eau du fleuve a-t-elle les qualités exigées pour que
« la distribution en soit avantageuse ? Telle est la seconde

« question qu'il nous reste à traiter pour répondre au
« programme qui a été posé pour la ville de Paris et que
« nous désirons suivre pour Orléans.

« L'eau de la Loire, comme celle de la Seine, est loin de
« remplir ces conditions. Sans doute elle est salubre,
« quoique chargée de matières organiques ; mais, durant
« l'été, elle est chaude jusqu'à 25 degrés ; l'hiver elle est
« glacée, et *pendant les trois quarts de l'année elle est*
« *trouble.* Le filtrage rend, il est vrai, à l'eau sa limpidité,
« mais sans en modifier la température ; *d'ailleurs le fil-*
« *trage est-il possible ?*

« M. Rabourdin, qui a fait des études si approfondies
« sur les eaux potables de notre contrée, a expérimenté
« que l'eau de Loire, en temps de crue, *tient en suspension*
« *une argile légèrement ferrugineuse, d'une extrême ténuité,*
« *qui passe même à travers les filtres de papier et qui laisse*
« *encore à désirer pour la limpidité après avoir passé cinq ou*
« *six fois sur le même filtre.*

« Des expériences souvent répétées ont malheureusement
« fait reconnaître que la pratique en grand du filtrage
« appliquée à l'eau d'un fleuve entraîne à de grands frais
« et reste d'un succès au moins douteux.

« A Nevers, à Orléans pour le chemin de fer, à Angers
« et à Nantes en ce qui concerne la Loire, à Toulouse
« pour la Garonne, les résultats obtenus de filtres naturels
« ont été peu satisfaisants ; et l'eau de notre fleuve est si
« difficile à débarrasser des substances qui la troublent,
« que, à l'époque des crues, *l'eau des puits alimentés par*
« *la Loire perd sa limpidité à une distance de 5 à 600 mètres*
« *du rivage.* »

Nous nous arrêtons ici, dans la crainte de trop pro-
longer cette discussion, mais fort à regret, parce qu'on
trouve, soit dans le rapport de M. l'ingénieur en chef de
la Loire-Inférieure, soit dans les rapports présentés au

conseil municipal d'Orléans, un grand nombre de détails extrêmement précieux pour la science hydrologique et l'histoire des aménagements des eaux des grandes villes.

Si on a lu avec attention les citations qui précèdent, on sentira toute la sagesse, toute l'importance de la réserve que faisait le Conseil général des ponts et chaussées lorsqu'il disait :

« Le succès de la galerie de filtration est évidemment « un des points importants de la dérivation de la Loire. « Pourra-t-on obtenir, par ce filtrage naturel, un volume « d'eau claire suffisant pour l'alimentation de Paris, lors- « que ce fleuve, gonflé par les pluies, charriera des eaux « chargées de matières en suspension, etc.?

« La commission pense que la question de limpidité ne « peut être résolue *que par des essais faits sur une grande* « *échelle.* »

Eh bien, les essais ont été faits, pendant quatre ans, à Nantes, avec des résultats fort peu encourageants. Il en a été de même à Angers et à Blois, et c'est en présence de ces résultats que la ville d'Orléans, assise aussi sur la Loire, se propose d'aller chercher l'eau de la source du Loiret pour l'amener dans son sein, de préférence à l'eau de la Loire.

Quant aux essais faits à Nevers par M. E. Girard lui-même, nous avons vu quelle déception ils ont donnée. Les essais ont été faits sur *une petite échelle*, 500 mètres cubes au plus, et non sur *une grande échelle*, comme le demande le conseil général des ponts et chaussées.

Ils n'ont pas encore deux ans de durée, tandis que l'expérience de Nantes, bien autrement importante, dure depuis plus de quatre ans.

Faut-il donc, avant de se mettre à l'œuvre pour donner à la ville de Paris de l'eau limpide et fraîche, attendre que M. E. Girard ait exécuté, pendant cinq ou six ans, *des essais en grand* sur l'eau de la Loire, ou bien faut-il que la ville de Paris elle-même fasse ces essais, dont les résultats seront très-probablement mauvais, et qu'en attendant elle abandonne des projets *dont le succès est infaillible?* car, enfin l'eau de la Dhuis est là, et le succès de sa dérivation sur Paris, par un aqueduc, n'est discutable que par des esprits volontairement aveugles.

Attendre! attendre! remettre! essayer! discuter! voilà ce qu'il ressort de plus clair de toutes ces propositions avancées si légèrement, et le plus souvent par des personnes radicalement incompétentes.

Nous pensions qu'il y avait quelques bonnes raisons pour passer à l'ordre du jour sur tous ces projets en l'air; mais M. J. Girard nous apprend pourquoi ils ont été écartés, notamment celui de la Loire.

« Il y a, pour cela, diverses raisons. D'abord ce n'est pas
« le projet de l'administration municipale, et ces adminis-
« trations ne trouvent bien, en général, que ce qu'elles
« proposent elles-mêmes et ce qu'ont imaginé leurs ingé-
« nieurs, architectes ou autres agents de leur choix. Ceci
« est dans l'ordre. Nul n'aura de l'esprit que nous et nos
« amis, a dit le poëte moraliste. »

Nous pourrions renvoyer la balle à M. J. Girard, rien ne nous serait plus facile; mais nous ne voulons pas faire ici de la politique.

Nous nous contenterons de faire remarquer que cette manière de raisonner, qui consiste à dire que les hommes en place ne sont que des médiocrités, et que tous les grands esprits sont méconnus, cette trivialité est bien déplacée dans sa bouche et surtout lorsqu'il s'agit d'ingénieurs, d'architectes et autres personnes appartenant aux professions scientifiques ou aux arts libéraux.

Il est de notoriété publique que toutes les administrations municipales (je n'en excepte aucune) ont constamment cherché à s'entourer des hommes les plus haut placés dans l'estime publique, sans distinction d'opinion ni d'origine.

M. J. Girard aura beau faire, il ne persuadera pas au public que ses amis ont seuls de l'esprit et qu'ils peuvent entrer en concurrence avec l'élite des ingénieurs, des architectes et autres agents de l'administration, lorsqu'il s'agit de résoudre des questions dans lesquelles ceux-ci ont acquis une expérience consommée et donné d'incontestables preuves de talent.

Il y aurait encore beaucoup de choses à dire pour relever les singularités qui se lisent dans les articles que M. J. Girard a insérés dans le *Siècle*, pour venir en aide à son homonyme M. E. Girard ; mais ce ne sont que des répétitions d'arguments aussi pauvres au fond que ceux dont il vient d'être question.

En conséquence, nous terminerons notre discussion avec M. E. Girard en lui répétant que la Loire n'a réussi ni à Nevers ni à Nantes, qu'elle a été repoussée à Orléans, et qu'il n'y a rien là qui puisse engager l'administration municipale de Paris à donner la préférence aux projets fondés sur une dérivation des eaux de ce fleuve.

M. BARRAL.

Journal l'Opinion nationale, *26 août, 6 septembre et 3 octobre* 1861.

Nous avons ressenti un pénible étonnement quand nous avons vu M. Barral, notre collègue à la Société d'agriculture, prendre une part active à la polémique engagée au sujet des eaux de la ville de Paris.

Mais, en traitant sans ménagement les choses et les hommes, M. Barral nous a donné, comme à toute autre personne d'une opinion différente de la sienne, le droit de répondre avec énergie. Nous remplirons ce devoir, non sans regret, parce que nous ne sommes pas habitué à trouver M. Barral parmi nos adversaires quand il s'agit du bien public et des intérêts de la science et de l'agriculture.

Nous suivrons M. Barral dans les trois articles qu'il a publiés sur la question des eaux de Paris. Plus un homme a d'autorité acquise par d'estimables travaux, plus il importe, s'il s'égare, de replacer les choses dans leur vrai jour et de montrer la faiblesse des objections qu'on leur fait. M. Barral, d'ailleurs, peut avoir été mal informé ; il peut même s'être trompé : c'est ce que nous allons examiner.

Quand nous nous sentirons excité par la discussion de notre honorable adversaire, nous aurons soin de le citer textuellement, afin de justifier la vivacité de nos réponses; la modération restera encore de notre côté, probablement.

M. Barral commence par se *plaindre de ce que, depuis tantôt dix ans, de longs rapports de M. le Préfet et d'habiles ingénieurs, des rapports de commissions d'enquête, une foule d'analyses chimiques, obscurcissent le problème de savoir quelle eau on donnera à boire aux Parisiens.*

Si M. Barral s'était donné la peine de s'informer de ce qui s'est passé *depuis tantôt dix ans*, il aurait appris que ce sont des oppositions tout aussi peu fondées que la sienne, des résistances tout aussi peu légitimes qui ont entravé les projets les plus simples du monde.

Il fallait pour Paris de l'eau bonne à boire. Qu'y avait-il de plus simple que d'en chercher dans des sources et de l'amener dans nos murs par des canaux qui la missent à l'abri de toute altération ?

Il fallait que cette eau pût arriver dans tous ou dans presque tous les étages de nos maisons.

Qu'y avait-il de plus simple que de chercher *des sources élevées par elles-mêmes à la hauteur convenable* et de les conduire sur les éminences qui environnent Paris, en leur faisant suivre la chaîne de collines si heureusement disposée pour recevoir les aqueducs?

Mais non ! on a tout contesté, tout nié même, jusqu'à l'évidence ; jusqu'à cette vérité, que les eaux de source sont généralement les eaux les plus propres à l'alimentation des populations.

On trouve plus simple de laisser écouler ces eaux de source dans des rivières, pour se charger d'impuretés ; de les laisser descendre au pied de nos coteaux, pour les relever ensuite dans les réservoirs à grand renfort de machines hydrauliques ou de machines à vapeur ; de les laisser s'échauffer pour les rafraîchir à l'aide de la glace ; de les laisser se charger de limon, pour les filtrer péniblement et à grands frais dans toutes sortes d'appareils plus ou moins brevetés !

Voilà sur quoi l'on dispute depuis tantôt dix ans par la faute des envieux, des gens de mauvaise humeur et des grands génies méconnus.

Quand un village a besoin d'eau, on y fait venir la source la plus voisine avec quelques pauvres tuyaux de grès, et les bonnes gens boivent cette eau claire et fraîche, sans préfet, sans ingénieurs, sans commission d'enquête, sans chimistes et surtout sans prétendus hygiénistes de mauvais augure ; et ils n'ont ni goîtres, ni caries, ni cancers, ni scrofules.

Mais à Paris c'est autre chose ! il faut passer au crible d'une douzaine de journaux, à la recherche des plus minces prétextes d'opposition ; d'une foule d'inventeurs et d'entrepreneurs alléchés par un si beau morceau. Le moyen d'échapper à tant d'attaques ? M. Barral devra convenir que nous serons encore dans les heureux, si nous aboutissons en dix ans. En tout cas ce sera bien malgré lui si le débat ne se prolonge pas pendant dix autres années. Nous allons le lui prouver.

M. Barral s'étonne de ce que la loi des 100 millions promis par le drainage reste une lettre morte ; de ce que l'on ne s'occupe pas des grands et réels intérêts de la France ; de ce qu'on néglige la face principale du problème de l'aménagement complet des eaux de l'empire, etc., etc.

Mais quel rapport y a-t-il entre toutes ces belles choses et le projet d'amener à Belleville les eaux de la Dhuis ? Que peut la ville de Paris pour le drainage, les grands intérêts de la France et le complet aménagement des eaux de l'empire?

Vous allez le comprendre. M. Barral a une idée fixe. En sa qualité d'agriculteur, il déplore la perte immense d'engrais qui se fait dans le monde entier par l'écoulement à la mer des eaux d'égout, des eaux vannes, des déjections de tous genres, et particulièrement de la perte qui se fait en ce genre à Paris par la conservation *du procédé sauvage de nos égouts.*

Or savez-vous d'où vient tout ce mal? le voici : « *La « confusion qui règne dans la question des eaux de Paris « tient principalement à ce que le projet primitif a été fait « par des ingénieurs des ponts et chaussées chargés des travaux « de la ville ; l'esprit de corps conduit à repousser tout ce qui « vient d'ailleurs.* »

Nous allons peut-être causer un grand désappointement à M. Barral ; mais nous ne saurions lui faire le sacrifice de la vérité.

Or ce ne sont point les ingénieurs de la ville de Paris qui ont conçu *le projet primitif.*

L'idée si naturelle de faire boire aux Parisiens des eaux de source est sortie d'une tête qui n'est dirigée par aucun esprit de corps.

Les ingénieurs ont reçu la mission directe et positive de faire les recherches et les projets dans cet ordre de choses ; ils se sont mis à l'œuvre et ont résolu le problème de la façon la plus heureuse, après les plus laborieux efforts.

C'est alors qu'ont surgi de tous côtés des projets tantôt inexécutables, tantôt ridicules, tantôt absurdes. Il a suffi, le plus souvent, d'un examen sommaire pour en faire justice. Quant à ceux qui présentaient des avantages supposés à côté d'inconvénients plus ou moins reconnus, ils ont été soumis à des études sévères et consciencieuses, et ce n'est qu'à bon escient qu'ils ont été repoussés.

Il nous est bien permis maintenant, après ce court exposé qui défie toute négation, d'être étonné, à notre tour, qu'un ancien élève et répétiteur de l'École polytechnique ait parlé, avec si peu d'égards, du corps des ponts et chaussées, dont il connaît, mieux que personne, l'origine, la science profonde et la haute probité.

D'ailleurs, cet esprit de corps, si redouté par M. Barral, n'est pas tel qu'il a l'air de le supposer, puisque nous avons trouvé nos plus redoutables adversaires dans quelques membres du corps lui-même ou dans quelques personnes qui auraient pu lui appartenir.

« Il en est jusqu'à trois que je pourrais nommer. »

Laissons donc à de petits esprits, ces petits moyens de défendre les petites choses. M. Barral était dans son rôle et dans son droit en défendant avec énergie les intérêts de l'agriculture; mais, pendant que M. Barral se lamentait, ces mêmes ingénieurs, toujours sous l'impulsion de *l'idée primitive et féconde* qui les avait mis à l'œuvre, poursuivaient avec ardeur la réalisation complète de cette idée.

Après avoir indiqué et préparé le moyen d'avoir d'excellente eau potable, ils recherchaient et indiquaient le moyen d'utiliser les eaux fécondantes que produit une ville immense.

Nous ne pouvons mieux faire que de laisser parler l'ingénieur lui-même :

« L'égout d'Asnières à Paris. — Au milieu du mouve-
« ment la France ne pouvait se montrer ni indifférente
« ni inactive. Paris, qui la représente et qui doit rester
« la ville sans rivale, sera probablement la première à
« prouver qu'il est possible de concilier l'*assainissement et*
« *la culture.*

« Paris, que nous aurons vu refaire dans son ensemble
« de notre temps, est sillonné souterrainement par un
« drainage analogue à celui qui, souvent, s'exécute sous

« nos yeux à la campagne ; le mérite en revient à deux
« noms appréciés des ingénieurs, MM. Dupuit et Belgrand.

« ..... De l'habitation partent les eaux ménagères, les
« graisses et les débris de cuisine, les liquides désinfectés
« de fosses d'aisances ; de la rue tombent, par les branches
« d'égout, la boue des chaussées pavées et la fange du
« macadam des boulevards ; enfin les établissements pu-
« blics, halles, marchés, abattoirs, casernes, envoient des
« fumiers, des détritus végétaux, du sang, des urines,
« parfois des vidanges pures. Cet amas confus, noyé dans
« l'eau de la distribution, se rend à l'égout d'Asnières
« sous forme d'un courant épais et noirâtre, et constitue
« un flot d'environ 1 mètre cube à la seconde.

« Débarrasser Paris, c'était bien ce que voulait l'assai-
« nissement de la ville ; mais qui garantissait que l'égout
« d'Asnières, ainsi chargé, n'allait pas devenir un im-
« mense bourbier impossible à curer, et que son embou-
« chure en Seine ne reproduirait pas la voirie du moyen
« âge ? On peut dire que le choix heureux du profil a livré
« à l'exploitation la solution naturelle de ces difficultés.

« *Curage mécanique. — Lumière et signaux.* — Occupons-
« nous de l'émissaire, qui n'a pas moins de 4 kilomètres
« de longueur, incliné suivant la pente de 0,0005 par
« mètre, et cherchons d'abord le moyen de nettoyage.

« Puisqu'un bateau flotte sur le canal, nous pouvons
« armer l'avant d'une vanne qui embrasse la section
« mouillée tout entière et qui descende, par une ma-
« nœuvre d'engrenage, jusqu'à $0^m,15$ d'écartement du
« radier (1). Le flot ainsi barré va s'accumuler derrière la
« vanne ; dès qu'il a atteint $0^m,60$ de son élévation à l'amont,
« il chasse, par la lumière laissée vers le fond, un véri-
« table torrent. Les dépôts, les sables, et même les pierres,

(1 *Radier* : sol de l'égout.

« amoncelés à l'aval, sous forme d'une longue dune de
« 100 mètres de longueur parfois, sont affouillés, roulés,
« lancés plus loin. Comme le bateau participe de l'impul-
« sion et descend lentement sous la charge de sa retenue,
« le torrent marche aussi, poussant devant lui la dune,
« qui fuit pour s'arrêter, mais qui, toujours reprise, finit
« par arriver en dix jours à l'embouchure. On remonte
« alors le bateau vers l'amont, en créant de kilomètre en
« kilomètre des biez de niveau, au moyen de vannes fixes
« qui descendent de la voûte et barrent le courant à la
« manière des écluses. »

Ici vient la description du procédé d'éclairage.

« Ainsi, dans l'égout d'Asnières, où l'on circule libre-
« ment sur des banquettes propres comme une dalle d'es-
« calier, où l'on est éclairé comme dans un atelier de
« manufacture, où l'on est averti par des signaux transmis
« à 3,000 mètres de distance, un ouvrier cure le canal
« rien qu'en manœuvrant une vanne et en laissant des-
« cendre son bateau au fil de l'eau. Voilà le travail méca-
« nique que visitent avec étonnement les étrangers pour
« qui l'édilité est une fonction ou une étude.

« *Filtrage par lévigation*. — Mais si l'infection n'est plus
« dans l'égout, elle est en Seine, car le courant d'Asnières,
« tombant à angle droit sur celui de la rivière, va s'y briser,
« et dans l'eau morte du confluent se déposeront des
« vases tourbeuses, espèce de fumier d'écurie formé de
« paille et de grains d'avoine broyés, de bouchons, de
« vieux linge, etc., mêlés à des sables et à des graviers
« noircis. Aux eaux basses d'été, il apparaîtra un delta
« qui, sous les rayons du soleil, passera par divers degrés
« de fermentation putride, et répandra aux alentours des
« miasmes de corruption. S'il n'y avait que des liquides,
« ils seraient entraînés par la Seine, se brûleraient
« lentement à l'air et disparaîtraient sans laisser trace.

« Mais les solides pourrissent sur place : il faut, à tout
« prix, s'en débarrasser, d'autant plus *qu'ils obstrueraient*
« *les tuyaux le jour où l'on voudrait utiliser les eaux troubles*
« *en irrigation.*

« Revenons à l'analyse grossière des liquides d'égout ;
« nous y avons trouvé des graisses, des fumiers, des sables.
« Ces différentes matières, violemment poussées par le
« torrent, tendent cependant, non à se mêler, mais à se
« partager suivant leur ordre de densité ; les graisses
« voyagent à la surface ; les fumiers et les matières organi-
« ques nagent entre deux eaux ; les sables roulent sur le
« radier.

« Faisons de la lévigation et récoltons chaque produit
« dans sa couche spéciale.

« Déjà derrière le bateau-vanne s'amassent en grande
« partie les graisses qu'on peut écumer et qu'on livre à
« la fabrication commune des savons noirs de potasse.

« Les fumiers méritent une attention spéciale.

« Le premier appareil (destiné à les arrêter), qui n'était
« qu'une feuille de tôle percée de trous, n'a presque rien
« arrêté ; le tamis se bouchait, les matières glissaient sur
« le plan incliné et sautaient en déversoir par-dessus.

« On observa qu'une simple barre d'entretoise s'était,
« au contraire, chargée de paille et d'ordures enroulées.
« Ce fut le trait de lumière. On construisit des grilles à
« barreaux longitudinaux de $0^m,02$, avec écartement à peu
« près égal ; la récolte devint réelle et importante, etc. En
« quatre mois d'un service qui n'était encore qu'une ex-
« périence, l'égout livra 500 mètres cubes, et ces 500 mè-
« tres enlevés à l'infection furent aussitôt pris par la cul-
« ture. Les pépinières du bois de Boulogne profitèrent d'un
« engrais qui, stratifié par couches alternatives avec des
« marnes et des argiles, constitue un excellent terreau.
« Rien n'est actif comme le fumier d'égout ; il n'a besoin

« que d'une exposition de 24 heures à l'air pour prendre
« feu, suivant l'expression des maraîchers, etc., etc.

« Résumons en entier le travail d'exploitation. Le flot
« boueux qui tombe à l'égout d'Asnières, pour se rendre
« en Seine le plus bas possible, rencontre d'abord sur sa
« route le bateau-vanne. Ne trouvant d'issue que par la
« lumière laissée vers le radier, il se change en un courant
« de fond violent, en un torrent qui affouille les dépôts et
« les chasse devant lui pendant 4 kilomètres. Déjà sur
« l'île flottante de débris amassés autour du bateau le flot
« abandonne des graisses qu'on peut écumer et utiliser
« en industrie.

« A l'embouchure en Seine, il se brise sur une longue
« grille pendante à contre-courant, et dégagée dans le bas
« pour laisser passer les sables. Là il livre les corps flot-
« tants, fumiers, végétaux, bois qui montent sur le plan
« incliné et le paillassonnent. Des griffes cardent les bar-
« reaux de la grille et ramènent pour récolte un engrais
« tellement actif, qu'au bout de 24 heures il est en feu.

« Plus loin, un barrage de demi-hauteur oblige les eaux
« à sauter en déversoir et à former une cascade de 0^m,30
« à 0^m,40. Les sables cessent de rouler, s'appuient à l'ob-
« stacle et y amoncellent leur dune, qu'une drague à va-
« peur va écrêter sans repos.

« En même temps une hotte enveloppe la cascade et,
« par l'appel énergique d'un foyer de coke, attire les gaz
« carbonés et les brûle.

« N'est-il pas permis de dire que, par de simples ma-
« nœuvres du courant qui agit tantôt de fond, tantôt en
« pleine pente, tantôt en superficie, les solides, cause
« d'infection, ont disparu, et qu'il ne reste plus que les
« liquides réduits à ne garder avec eux que les matières
« chimiquement dissoutes ? Dès lors n'a-t-on pas le droit
« de perdre les liquides en Seine, puisque leur purifica-

« tion s'achèvera par la combustion lente à l'air libre, que
« la trace noirâtre de leur écoulement s'effacera prompte-
« ment, qu'avant Poissy elle aura disparu et rendu au
« fleuve toute sa pureté ? »

Nous avons pensé qu'on lirait avec intérêt ces détails sur
le plus beau et le plus grand travail d'assainissement qui
ait jamais été exécuté au profit d'une ville. Ces détails sont
extraits d'un rapport de M. Mille, ingénieur en chef des
ponts et chaussées, qui a déjà rempli, avec distinction,
plusieurs missions intéressant l'agriculture ou l'hygiène
publique.

Voici maintenant comment s'explique M. Mille au sujet
de l'utilisation des eaux d'égout :

« *Irrigation par les eaux d'égout.* — Le déversement de-
« venu sans danger peut être admis ; mais arrêter là les
« efforts serait un manque de courage. Brûler à vide les
« 100,000 mètres cubes qui renferment en dissolution les
« débris de l'alimentation d'une ville de 1,500,000 âmes,
« ce serait accepter le reproche que faisait Liebig à l'An-
« gleterre, et oublier la leçon de maîtres non moins illus-
« tres, MM. Dumas et Boussingault. Les eaux d'Asnières
« sont plus riches que les eaux de la Durance, et on les
« dissiperait, quand on sait quelle fertilité est née des ar-
« rosages par l'eau trouble sur les bords des canaux
« d'Arles, de Craponne, des Alpines, et aujourd'hui de
« Marseille ! Il semble même que la nature ait ici préparé
« le sol pour y appeler l'irrigation et le colmatage. Toutes
« les presqu'îles de la Seine, dans ses nombreux détours,
« sont des alluvions sableuses, perméables, à peu près
« stériles. Les fonds du bois de Boulogne, de Gennevilliers,
« du Vésinet, de Saint-Germain n'ont pas d'autre nature ;
« les arbres, nourris par l'atmosphère, tiennent la place
« des récoltes que la terre ne nourrirait pas. Qu'on ré-
« pande les eaux d'égout sur ces filtres naturels, et on

« jettera sur eux une couche susceptible de porter toutes
« les variétés de cultures épuisantes. La plaine de Genne-
« villiers est un champ de céréales et de légumes depuis
« qu'elle utilise les boues de Paris.

« Des essais ont montré combien le résultat serait pra-
« tique. Un fond de fortifications, près les sablières de
« Clichy, a reçu et dévoré une hauteur de 2 mètres en
« liquide d'égout ; tout a passé dans le sous-sol, et il est
« resté un colmatage de 0ᵐ,015 d'épaisseur. A ce taux,
« 1 hectare prendrait 20,000 mètres cubes, et il suffirait
« de 5 hectares par jour pour consommer les 100,000 mè-
« tres cubes de Paris !

« L'égout d'Asnières est aujourd'hui l'expression la plus
« complète de l'assainissement mécanique. Voilà donc un
« beau problème résolu ; mais il en reste un autre aussi
« difficile, c'est de répandre dans la campagne l'arrosage
« de 100,000 mètres cubes d'eaux riches *et d'introduire,*
« *parmi nos cultivateurs du Centre, des habitudes d'irrigation*
« qui font la fortune du Midi ; il faut maintenant répéter
« sur l'étendue du sol de la production agricole la *canali-*
« *sation, la distribution à robinet libre,* enfin les procédés
« commodes et économiques dont la science de l'assainis-
« sement fait jouir l'habitant des villes.

« L'administration municipale de Paris a commencé son
« œuvre avec un type de perfection et d'utilité publique
« devant les yeux ; elle saura l'achever. L'eau pure
« donnée à discrétion au moindre logement, l'eau féconde
« mise à la portée du moindre champ, sont des espé-
« rances que le temps et la volonté réaliseront. »

Ainsi donc, en ce qui concerne cette grave question de
l'eau des égouts, on a fait tout ce qu'il était possible de
faire en l'état actuel des choses. On a réuni et porté loin
de la ville cette masse d'eaux insalubres ; elles ont été dé-
cantées, filtrées, purifiées, pour ainsi dire, autant que

possible, avant d'être jetées au fleuve; tout ce qu'on a pu en extraire d'utile a été livré à l'agriculture ou à l'industrie; tout a été prévu et préparé pour utiliser la partie liquide dès que le problème de cette utilisation sera résolu.

On ferait donc mieux de nous aider à résoudre ce problème, plutôt que de traiter de *procédés sauvages* des travaux admirables et gigantesques qui sont les préliminaires indispensables des mesures ultérieures et sans lesquels il ne pourrait être tiré aucun parti des eaux d'égout.

Mais nous comprenons sans peine pourquoi on nous adresse des critiques peu convenables au lieu de conseils réfléchis et étudiés.

Cela est facile à dire : *Livrez à l'agriculture les* 100,000 *mètres cubes d'eaux fécondantes que vous envoyez criminellement à la mer !*

Pour faire autrement, il faudrait d'abord des agriculteurs, cultivateurs, agronomes ou autres, qui voulussent bien recevoir nos eaux. Or cette première condition manque absolument. Personne ne veut de nos eaux, à moins, toutefois, que nous les portions, à nos frais, sur les terres. Alors peut-être on nous ferait la grâce de les accepter; c'est tout au plus. Les irrigations proprement dites sont une chose inconnue dans le Nord. C'est à grand'peine qu'on introduit peu à peu dans les fermes une réforme dont l'utilité est bien moins contestable : l'utilisation des *purins*. Or, entre des purins qu'on a dans sa propre cour et qu'il ne s'agit que de conduire et de répandre sur les terres ou sur les prés et des eaux d'égout qui exigeraient des travaux considérables et fort coûteux, il y a une différence énorme.

M. Mille estime que 5 hectares de terres sablonneuses pourraient *boire* les eaux d'une journée d'égouts de Paris. C'est 150 hectares pour un mois et 1,800 hectares pour une année. Mais il est évident que toutes les terres d'une ferme ne pourraient pas être irriguées chaque année. Il faudrait donc chercher, dans un certain nombre de propriétés peu éloignées les unes des autres, des terres susceptibles de recevoir les eaux, et il faudrait y conduire celles-ci. D'ailleurs l'irrigation ne pourrait pas se faire en toute saison ni par tous les temps. Il faudrait donc établir des espèces de réservoirs où s'accumuleraient les eaux en attendant qu'elles puissent être employées dans de bonnes conditions. Se figure-t-on ce que seraient ces réservoirs et quelles dépenses entraîneraient l'acquisition du sol et les constructions?

Et les enquêtes! car enfin nous ne pourrions pas sauter à pieds joints sur la loi et gratifier une commune quelconque de pareils foyers d'infection sans consulter les propriétaires.

Mais ce n'est pas tout. Les eaux d'égout arrivent à la Seine à peu près au niveau du cours du fleuve. Pour les envoyer à une distance quelconque, il faudrait les élever. Comment? Sans doute avec des machines à vapeur et tout un immense attirail. Où placera-t-on le réservoir qui contiendra le produit des pompes en attendant qu'il s'écoule en Normandie ou en Picardie?

Proposera-t-on que la Ville se fasse elle-même fermière, qu'elle achète quelques milliers d'hectares de sable et qu'elle les féconde avec ses eaux? Quel chœur de malédictions, si nos édiles s'avisaient de se lancer dans une pareille entreprise! A la vérité, on pourrait supprimer le bois de Boulogne, la forêt du Vésinet, Vincennes, les hippodromes, etc., et convertir ces promenades publiques en champs d'avoine ou en luzerne; mais il est douteux que cette métamorphose soit bien reçue des Parisiens, assez peu sensibles aux charmes de l'agriculture.

Comme on peut voir par ce court et incomplet exposé des difficultés qui se présentent tout d'abord à l'esprit, le problème n'est pas d'une solution facile ; on en verra la preuve par ce qui se passe pour les vidanges, dont le volume est à peine le centième de celui des eaux d'égout et dont la puissance fertilisante est au moins dix fois plus considérable.

Nous avons pu nous procurer sur cette partie de la question une note qu'on lira certainement avec intérêt.

Note sur les projets de la ville de Paris relatifs à l'utilisation directe des produits de ses vidanges.

« L'administration municipale se préoccupe depuis
« longtemps de l'utilisation directe, au profit de l'agricul-
« ture, des produits des vidanges de la ville de Paris.

« Dans les divers baux qu'elle a passés avec la compa-
« gnie Richer, fermière de l'exploitation de la voirie de
« Bondy, elle a toujours réservé l'obligation, pour la com-
« pagnie, de livrer à l'agriculture l'engrais liquide au prix
« de son bail, soit au prix de 1 franc le mètre cube, sauf
« une rétribution supplémentaire de 5 centimes pour frais
« de perception.

« Lors de la constitution de la compagnie de la ferme
« agricole de Vaujours, sous l'habile direction de MM. Mille,
« ingénieur en chef des ponts et chaussées, et Moll, pro-
« fesseur au Conservatoire des arts et métiers, la Ville a
« accordé une subvention assez importante à la compa-
« gnie, dont le but principal était l'application, sur une
« vaste échelle, de l'engrais des vidanges et du système
« tubulaire pour l'arrosage à l'engrais liquide.

« Elle a envoyé les ingénieurs du service municipal étu-
« dier, à Lille et dans les environs, le mode d'emploi de
« l'engrais flamand et son action sur les différentes natures
« de culture, et rechercher les motifs qui en ont déve-

« loppé l'application d'une manière si large et si profitable
« à l'agriculture des Flandres.

« Malgré ces facilités et ces encouragements, l'em-
« ploi direct des produits des vidanges de la ville s'est
« très-peu développé. En 1859, il ne s'est élevé qu'à
« 10,000 mètres cubes, pour retomber, en 1860, à 3,700
« (par suite de l'humidité exceptionnelle, il est vrai, de
« l'année), sur une quantité totale annuelle de près de
« 400,000 mètres cubes expédiés à Bondy.

« Cependant les lieux de dépôt de ces matières, à Bondy
« d'une part, à Billancourt (voirie particulière de la com-
« pagnie Richer) d'autre part, sont dans de très-bonnes
« conditions; le canal de l'Ourcq et la Seine en permet-
« tent le transport à peu de frais; mais il faut les envoyer
« à de grandes distances pour qu'elles puissent lutter avec
« les fumiers et les boues de Paris, qui leur font une
« concurrence redoutable, et que la Seine permet aussi
« d'expédier au loin.

« Aussi l'agrandissement de Paris, par l'annexion de sa
« banlieue jusqu'aux fortifications, ayant rendu nécessaire
« l'établissement d'un second dépotoir placé sur la rive
« gauche de la Seine, l'administration a profité de l'étude
« de cette création nouvelle pour y comprendre l'étude
« de systèmes propres à envoyer au loin, sur les plateaux
« qui entourent Paris, les matières que recevra ce dépo-
« toir, et même celles que continuera à recevoir celui de
« la Villette, en vue de supprimer la voirie de Bondy, éta-
« blissement qu'une absolue nécessité peut seule main-
« tenir à quelques kilomètres de la capitale, au centre de
« maisons de campagne qui vont, chaque jour, se multi-
« pliant.

« Dans l'étude de ces projets, on a naturellement adopté
« le mode si économique et si simple appliqué par M. l'in-

« specteur général des ponts et chaussées Mary, à l'envoi
« des eaux vannes du dépotoir de la Villette à la voirie de
« Bondy, c'est-à-dire un système de pompes mues par la
« vapeur et refoulant les liquides dans une canalisation
« souterraine.

« Le dépotoir rive gauche devant être placé sur les
« hauteurs du Petit-Montrouge, un premier projet com-
« prend une conduite d'envoi partant de ce dépotoir, se
« dirigeant sur la Croix-de-Berny, et traversant tout le pla-
« teau de la Brie compris entre la Seine, l'Orge et l'Es-
« sonne, pour aboutir au-dessus de Vert-le-Grand, près
« Corbeil ; mais on a dû admettre que, pendant bien des
« années au moins, l'agriculture des contrées traversées,
« quelque avancée qu'elle soit, n'utiliserait pas la quan-
« tité d'eaux vannes qui lui sera envoyée par la conduite ;
« de là la nécessité d'avoir à l'extrémité de cette conduite
« une voirie destinée à la transformation de ces eaux. Or
« on ne peut se dissimuler que cette nécessité, qui entraîne
« l'écoulement, dans la Seine, à l'amont de Paris, des eaux
« de déversement de cette voirie, ne soit une grande objec-
« tion à l'adoption de ce premier projet.

« Le second projet, notablement plus dispendieux, il est
« vrai, se présente, d'ailleurs, dans de meilleures condi-
« tions ; aussi est-ce le seul qui ait été étudié avec quelques
« détails. Il a pour but de porter les eaux vannes au tra-
« vers des plateaux cultivés compris au sud-ouest de Ver-
« sailles, entre la Bièvre et l'Yvette, jusqu'à la rivière de
« Mauldre, qui vient tomber dans la Seine entre Meulan
« et Mantes. Les eaux vannes, au lieu d'être refoulées de
« station en station à l'aide de pompes mues par la vapeur,
« sont élevées tout d'abord, par ce système, depuis le dé-
« potoir jusqu'à un réservoir placé à une centaine de
« mètres plus haut, sur le point culminant du plateau qui

« sépare la Seine de la Bièvre, près de Plessis-Picquet. De
« ce réservoir, les eaux vannes s'écoulent naturellement
« par une conduite-maîtresse de distribution qui aboutit à
« Mareuil-sur-Mauldre, en passant près de Trappes et de
« Grignon. Sur cette conduite de distribution, d'une lon-
« gueur de 45 kilomètres environ, sont faites, de distance
« en distance, des prises d'eaux vannes correspondant à
« des bureaux de vente, en attendant qu'on reconnaisse
« l'opportunité d'un réseau secondaire complet. A Mareuil-
« sur-Mauldre, une voirie, toujours nécessaire, déverse
« dans la Seine, suivant la vallée de la Mauldre, le trop-
« plein de ses eaux relativement épurées par des dépôts
« successifs. La dépense de ce projet n'est pas portée à
« moins de 3 millions.

« Enfin un troisième projet, indépendant des deux pre-
« miers, puisqu'il se rapporte au dépotoir de la Villette et
« qu'il tend à la suppression de la voirie de Bondy, com-
« prend une canalisation souterraine de 60 kilomètres
« environ de longueur, traversant les plateaux qui bor-
« dent la route de Maubeuge par Soissons et allant aboutir
« au-dessus de Verberie sur l'Oise. En ce point est re-
« portée la voirie actuellement à Bondy ; son importance
« est diminuée de tout ce que l'agriculture des contrées
« traversées utilisera directement ; le trop-plein de ses
« eaux épurées par la décantation s'écoule dans la rivière
« d'Oise.

« Les premières études de ces projets ne datent que du
« milieu de l'année 1860, et il n'a pu encore leur être
« donné suite. On comprend que leur importance exige un
« examen plus approfondi ; mais elles font voir que l'ad-
« ministration de la ville de Paris porte son attention la
« plus sérieuse sur les moyens propres à faciliter et à gé-
« néraliser l'application directe des engrais liquides à
« l'agriculture. »

Voilà donc des projets sérieux et dont la réalisation serait certainement un grand progrès.

Mais qu'on ne s'y trompe pas. Cette réalisation rencontrera des obstacles considérables, qui se sont déjà révélés avec l'énergie la plus inquiétante. On aura beau dire qu'il n'est pas juste que la rive droite de la Seine soit à tout jamais incommodée par le service général des vidanges qui se dirige sur un seul point;

Que l'accroissement énorme de Paris exige que ce service soit divisé, sous peine de devenir une charge très-lourde;

Qu'il faudra bien que, dans un temps quelconque, la rive gauche, avec ses 500,000 habitants, se résigne à accepter sa part d'incommodités;

Qu'il est absolument impossible de placer le dépotoir et les voiries ailleurs que sur les hauteurs qui se trouvent au midi de Paris;

Que le seul moyen de réduire les frais de vidanges est de tirer un parti plus avantageux que par le passé de leur produit;

Que, quand il s'agit des intérêts généraux, il faut bien que les intérêts particuliers et les convenances personnelles s'effacent et acceptent une juste indemnité;

Vous aurez beau faire valoir toutes ces raisons et mille autres encore, nous n'en verrons pas moins surgir une formidable opposition lorsqu'il sera sérieusement question d'exécuter ces projets.

Nous nous y attendons, et nous ne désespérons pas de voir les mêmes hommes qui nous reprochent aujourd'hui notre indifférence nous opposer alors notre peu de respect pour la légalité, pour la propriété et la santé publique.

Dans la note que nous avons rapportée plus haut, il est question de la ferme de Vaujours sur laquelle a été faite une première tentative de l'emploi, en agriculture, des vi-

danges de Paris, par l'application du système tubulaire (1).
Il faudrait un long chapitre pour rendre compte des innombrables difficultés qu'ont rencontrées les hommes honorables qui se sont chargés de cette pénible tâche. Nous
renonçons à l'écrire ici. On pourra lire ces détails dans les
Annales de Vaujours, année 1860 ; mais nous croyons
pouvoir, sans craindre de fatiguer nos bienveillants lecteurs, leur donner le résumé des observations faites depuis
trois ans par M. Moll, directeur de l'entreprise, professeur
d'agriculture au Conservatoire des arts et métiers. Voici
ce résumé :

Résumé et conclusion.

« Pour résumer en quelques lignes les pages qui pré-
« cèdent, et en signaler le côté utile, nous dirons que,
« malgré l'insuccès de beaucoup de nos expériences, in-
« succès causé par l'absence d'eau en mélange avec l'en-
« grais, et par les circonstances atmosphériques, on peut
« tirer provisoirement de celles qui ont réussi les conclu-
« sions suivantes :

« 1° La vidange parisienne pure appliquée sur des ré-
« coltes en pleine végétation, pendant les chaleurs de l'été,
« est toujours plus ou moins nuisible.

« 2° Appliquée dans la même saison, mais par la pluie,
« elle agit en général favorablement, mais d'une manière
« irrégulière suivant l'abondance de la pluie pendant et
« après la fumure, la nature et l'état d'avancement de la
« récolte, le plus ou moins de perméabilité du sol.

---

(1) Ce procédé consiste en un système de tuyaux enfouis dans le sol et dans
lesquels le fumier liquide, les vidanges ou l'eau circulent dans le domaine ; ils
atteignent les diverses pièces de terre et peuvent être répandus, en arrosage,
par des espèces de regards auxquels on adapte des tuyaux flexibles armés d'une
ance ou d'une pomme d'arrosoir.

« 3° Appliquée par la sécheresse sur des herbages ré-
« cemment fauchés, elle ne produit rien ou presque rien
« jusqu'aux premières pluies abondantes.

« 4° Répandue sur la terre nue, peu de temps avant la
« semaille, elle paraît agir avec une intensité égale à celle
« d'un même poids de bon fumier ordinaire ; et, mise en
« quantité assez forte (de 80 à 120 mètres cubes par hec-
« tare) et dans les terres un peu argileuses, son action se
« prolonge à la deuxième et probablement même à la
« troisième année.

« 5° Mais comme, à poids égal, elle contient moins
« d'azote que le bon fumier ordinaire (3,5 au lieu de 5,97
« pour 1,000), il en résulte que 59 kilog. d'azote de vidange
« ont produit, dans ces conditions, autant d'effet que
« 100 kilog. d'azote du fumier.

« 6° Néanmoins le mode d'emploi par lequel l'engrais
« de vidange a décidément le plus d'action, c'est un mé-
« lange avec trois ou cinq fois son volume d'eau, et ré-
« pandu en cet état, au printemps, sur des plantes encore
« jeunes.

« 7° Employé de cette façon sur les betteraves, il a
« produit avec 71 kilog. d'azote, 66,400 kilog. de racines,
« tandis que le fumier ordinaire, contenant 500 kilog.
« d'azote, n'en a produit, sur la même surface, que
« 62,125 kilog., c'est-à-dire que chaque kilog. d'azote de
« la vidange a donné 935 kilog. de betteraves, que chaque
« kilog. d'azote de fumier n'en a produit que 124.

« 8° Tout porte à croire, néanmoins, que l'engrais de
« vidange a été entièrement usé, tandis qu'on admet gé-
« néralement que la moitié seulement du fumier ordinaire
« est absorbée par la récolte de betteraves. Ce ne serait
« donc plus le rapport de 935 à 124, mais celui de 935 à
« 248, qui donnerait la mesure d'action des deux engrais
« dans ces conditions.

« 9° Mais il faut ajouter que le sol, par la quantité de
« matières végétales qu'il contenait (c'était une luzerne
« retournée), et l'année par son humidité, ont probable-
« ment favorisé l'action de l'engrais de vidange plus que
« celle du fumier.

« 10° La vidange ne produit pas sur toutes les plantes
« des effets aussi remarquables que sur les betteraves. Les
« observations faites précédemment au dépotoir donne-
« raient la série suivante dans l'ordre de décroissance :

« 1° Betteraves, navets, rutabagas, carottes et choux.

« 2° Chanvre et colza.

« 3° Graminées fourragères, surtout ray-grass d'Italie,
« maïs et sorgho.

« 4° Céréales.

« 5° Pommes de terre, topinambours, fourrages légu-
« mineux.

« 6° Farineux (fèves, pois, haricots).

« 11° Mais, pour toutes ces plantes, la vidange étendue
« d'eau a une action très-supérieure à celle du fumier et
« à celle de la vidange pure, quel que soit le mode d'ap-
« plication de cette dernière.

« 12° Cette supériorité très-grande de la vidange diluée
« sur la vidange pure établit une supériorité non moins
« grande du système tubulaire sur le tonneau et sur
« l'écope. Ces moyens de distribution deviennent, en effet,
« impossibles économiquement, lorsqu'il s'agit de quintu-
« pler le volume d'engrais.

« 13° Un inconvénient grave de la vidange pour la cul-
« ture des graminées en général, des céréales en parti-
« culier, et même du colza, c'est qu'employée en quantité
« un peu forte (30 à 50 mètres cubes par hectare) elle
« donne lieu à une végétation exubérante, qui a pour con-
« séquence la *verse* dans les années pluvieuses.

« 14° Mais, d'un autre côté, elle paraît augmenter dans

« une forte proportion la richesse en azote et en parties
« minérales des fourrages, et tout porte à croire qu'elle
« agit de même sur les autres plantes.

« 15° Le fumier transformé en engrais liquide a montré,
« relativement à la même quantité de fumier appliquée
« dans la forme ordinaire, une grande supériorité dans la
« première année, une légère infériorité à la seconde
« année de la fumure.

« Disons, en terminant, que la plupart des expériences
« mentionnées doivent être continuées, qu'elles seront
« complétées par d'autres destinées à leur servir de critères
« ou à fournir une sanction de plus aux conséquences
« qu'on peut déjà en induire. »

Pour nous, qui étudions la question de savoir si le
problème de l'application des vidanges à l'agriculture
est résolu, ces conclusions impartiales sont significatives.
L'exemple de Vaujours peut être encourageant, il n'est
pas décisif ; il n'a pas d'imitateurs, et la ville de Paris est
contrainte de suivre jusqu'à nouvel ordre les anciens erre-
ments. Prétendre la pousser à des changements, à des
innovations, à des dépenses sans résultat et sans utilité,
c'est lui demander plus que ne doit faire une administration prudente et soigneuse des intérêts généraux.

Du reste, il ressort, de l'étude de tous les documents
publiés par M. le Préfet sur cette grande question, que
tout ce qu'on fait est conçu dans l'espérance de voir un
jour l'agriculture se prêter à l'utilisation des déchets de
toute nature rejetés par les émonctoires de la ville. On
attend que le progrès, la diffusion des lumières ou le besoin
autorisent à faire plus ; mais, évidemment, le moment
n'est pas arrivé.

Après avoir critiqué avec plus ou moins d'amertume les
projets de la ville de Paris, M. Barral sent bien qu'il
pourrait être critiqué à son tour, s'il n'indiquait pas des

moyens de faire mieux. Aussi en vient-il à des propositions, mais avec une timidité qui dénonce le peu de confiance qu'il a lui-même en elles.

C'est d'abord le projet de tirer parti de la chute de la
Seine au Pont-Neuf.

A Dieu ne plaise que nous voulions reprocher à M. Barral, qui professe si justement une sorte de culte pour la
mémoire de l'illustre Arago, de reproduire les vues de
cet ancien membre du conseil municipal! Mais M. Barral
est un homme de goût, et il a certainement compris la
force de l'argument qui a décidé le conseil municipal de
1844 ou 1845 à repousser les projets fondés sur l'utilisation de cette chute, quelque puissante, d'ailleurs, qu'on
pût la faire.

Cet argument est plus fort que jamais, depuis que le
centre de la capitale a pris un aspect si nouveau et si
monumental. Voilà ce qui serait un *procédé sauvage*, de
convertir en *canal*, en *biez de moulin* le fleuve qui baigne
nos superbes quais ; établir, entre le Louvre, l'Institut et
la Monnaie, des usines, des roues, des pompes et tout ce
qui s'ensuit ; en un mot, faire de Paris un Corbeil ou un
Étampes !

Voilà ce que l'on nous conseillait en 1845, ce que nous
avons bien fait de repousser et ce que repousserait encore
tout conseil municipal, à moins d'être exclusivement composé d'hommes entièrement dépourvus de toute espèce
de bon goût et d'idées artistiques.

Laissons donc de côté les turbines, les pistons, les
pompes et les canaux, et demandons plutôt qu'on supprime
cette abominable écluse du Pont-Neuf, qui pourrait être
aujourd'hui si facilement remplacée par quelques-uns de
ces puissants *toueurs* que nous voyons fonctionner avec
admiration sur la Seine.

M. Barral prétend ensuite que *la science résoudra le pro-*

blème de la filtration et du rafraîchissement en grand des eaux potables. Nous avons beaucoup de confiance dans la science et même dans les savants; mais M. Barral se garde bien d'affirmer que *la science a résolu* le problème, et il en doute si bien, qu'il n'a rien de mieux à nous proposer *qu'un procédé qui vient d'être récemment présenté à l'Académie des sciences, très-simple, très-peu coûteux et qui, d'*APRÈS SON AUTEUR, *pourrait donner toute l'eau nécessaire à de grands centres de population.*

Est-ce bien sérieusement que M. Barral propose à la Ville d'*attendre* que ce procédé ait fait ses preuves pour d'autres que pour son auteur? Après celui-là il en viendra un autre, et de procédé en procédé, qu'on aura toujours bien soin *de présenter à l'Académie des sciences,* aux dix années que M. Barral nous reproche d'avoir employées à obscurcir la question, viendront s'ajouter dix autres années, et la question n'en sera pas plus claire ; car je défie M. Barral et toutes les académies du monde de trouver de l'eau plus claire, plus fraîche, plus appétissante que l'eau des sources de la Dhuis, et un moyen plus simple de nous la donner à boire que de l'amener tout bonnement dans un canal, ni plus ni moins comme l'eau d'Arcueil et l'eau de Belleville, qui coulent toujours claires depuis deux cents ans, ou comme les eaux de Rome, qui coulent depuis deux mille ans.

M. Barral en était là, probablement à la recherche d'une conclusion passable pour son troisième article, lorsque le ciel et le puits de Passy lui sont venus en aide et lui ont donné le moyen de sortir honorablement de la discussion. Mais il fallait se hâter; car toute l'argumentation de M. Barral reposait sur un rendement du puits qui n'a duré que quelques jours et sur une singulière erreur de calcul qui a échappé à notre collègue.

Réglons sur-le-champ l'erreur de calcul, à laquelle

nous n'attacherions aucune importance, si elle n'avait pas inspiré à M. Barral une confiance un peu trop agressive; la voici :

« Afin qu'on se fasse une idée exacte de la *véritable* « *rivière* qui, tout d'un coup, vient de sourdre à Passy, « nous rappellerons ici que le bras droit de la Seine dé- « bite, en eau moyenne, 8,640,000 mètres cubes par « 24 heures, et que le débit du nouveau puits foré en est, « par conséquent, à peu près LA TRENTE-QUATRIÈME PARTIE. »

M. Barral s'est trompé d'un zéro; c'est la TROIS CENT QUARANTIÈME partie qu'il fallait dire.

Encore un coup, nous n'aurions même pas relevé cette erreur, si M. Barral ne s'était pas servi de cette *trente-qua-trième partie* du débit de la Seine pour étayer son raisonnement sur la substitution des eaux de Passy aux eaux de la Champagne.

Voici sa conclusion à cet égard : « Tout démontre que, « si l'on vient à prendre le parti de forer deux ou trois « autres puits artésiens, convenablement disposés autour « de Paris, on donnera toute satisfaction aux besoins les « plus exigeants de la population parisienne. »

M. Barral n'a pas été la seule personne que le succès presque inattendu du puits de Passy a jetée dans une confiance enthousiaste et peu réfléchie. Les gens du métier se sont rappelé les incertitudes d'autres entreprises du même genre et particulièrement celles du puits de Grenelle qui, finalement, bien avant l'exécution du puits de Passy, avait déjà perdu une importante partie de son rendement. De 1,100 mètres par 24 heures, il était descendu à 900.

Les puits de Saint-Denis et surtout ceux de Tours n'étaient pas oubliés non plus.

Avant donc de célébrer la victoire, il fallait attendre qu'elle fût consolidée. En effet, voici succinctement ce qui s'est passé :

Au premier moment de l'apparition de l'eau, et alors que les moyens de jaugeage n'étaient pas encore bien organisés, on a estimé à 15,000 mètres le débit du puits de Passy.

Ce débit a augmenté et s'est élevé successivement à 20,000, puis 22,000, enfin jusqu'à 25,000 mètres cubes par 24 heures.

Mais cette eau s'écoulait au ras du sol, c'est-à-dire à une altitude de $53^m,36$ au-dessus du niveau de la mer et $26^m,12$ au-dessus du zéro de l'échelle du pont de la Tournelle.

Or, pour être utilisée dans les mêmes conditions que l'eau du puits de Grenelle et la porter dans les mêmes réservoirs, dans ceux de Passy, par exemple, il fallait l'élever de 24 mètres environ, y compris 2 mètres de perte de charge.

On se mit à l'œuvre pour faire cette épreuve ; mais pendant les travaux on eut déjà le regret de voir le débit se réduire à 16,000 mètres cubes par 24 heures, et se maintenir à ce chiffre pendant plus de quinze jours, ce qui semble l'établir comme débit normal au ras du sol.

Les tuyaux d'ascension ayant été posés à une hauteur de 20 mètres, on y a introduit le courant d'eau. Cette fois encore, on a vu se renouveler ces alternatives de succès et de mécomptes auxquelles sont sujets les puits artésiens.

Pendant quelques instants l'eau a complétement cessé de s'élever ; puis elle est parvenue, après quelques oscillations, jusqu'à l'orifice du tube.

Le débit, depuis ce moment, a été très-variable. Il s'est élevé jusqu'à 8,600 mètres par 24 heures et est descendu à 7,000.

Enfin, depuis quelques jours, on a cherché à élever l'eau à la hauteur nécessaire pour atteindre le niveau des réservoirs de Passy, c'est-à-dire à 23ᵐ,79 au-dessus du sol ; mais alors le débit est tombé à 5,900 mètres cubes.

Ainsi, en maintenant l'eau au niveau du sol, c'est-à-dire à 26ᵐ,12 au-dessus du zéro du pont de la Tournelle, on peut compter sur un produit d'un peu plus de 16,000 mètres cubes ; en l'élevant au niveau nécessaire pour atteindre les réservoirs de Passy, où elle serait emmagasinée à 49ᵐ,06 au-dessus du zéro de la Tournelle, on réduirait le débit à 5,900 mètres ; mais, est-il besoin de le dire, elle ne peut remplacer, presque sous aucun rapport, les eaux de source de la Dhuis.

Celles-ci arriveront à 83ᵐ,50 au-dessus du zéro de la Tournelle et pourront être distribuées dans tous les étages de presque toutes les maisons.

Les eaux du puits de Passy, restant à 49ᵐ,06 au-dessus du même point, ne pourraient parvenir que dans les quartiers bas de Paris, si l'on veut desservir tous les étages.

Les eaux de la Dhuis arriveront à 12 degrés environ, c'est-à-dire *fraîches*.

Les eaux des deux puits artésiens sont *chaudes*, puisqu'elles marquent 27 à 28 degrés au-dessus de zéro.

Les eaux de la Dhuis sont d'une limpidité parfaite.

Celles des puits artésiens donnent un dépôt ocreux qui oblige à les filtrer pour la plupart des usages économiques.

Malgré ces différences, on doit considérer le puits de Passy comme un succès dont la Ville n'a qu'à se louer et qu'elle cherchera à renouveler.

Nous croyons savoir que ces mêmes ingénieurs, qu'on voudrait faire passer pour des hommes animés d'un esprit de corps sans élévation, ont déjà formellement proposé de faire creuser, à des distances convenables, trois autres puits artésiens, un, entre autres, sur le plateau du Panthéon, d'où ces eaux chaudes iraient alimenter avec le plus

grand avantage les lavoirs si nombreux de ce quartier populeux, les bains publics, et même les hôpitaux.

Mais le succès du puits de Passy est-il de nature à faire
renoncer immédiatement, comme le voudrait M. Barral,
aux projets si bien étudiés et si heureusement combinés
qui doivent amener à Paris des eaux de source de la Champagne?

Faisons d'abord remarquer que l'enthousiasme de nos
adversaires a dû être quelque peu refroidi lorsqu'ils ont
appris que les 25,000 mètres cubes d'eau s'étaient réduits à 16,000, puis à 8,000 et même 6,500 mètres cubes,
c'est-à-dire au quart des premières promesses.

Un autre sujet de réflexion a dû naître à propos du
puits de Grenelle, dont le débit est tombé de 900 mètres
cubes à 600 mètres, c'est-à-dire qui a perdu un tiers de
sa puissance.

Nous ne parlons plus de la différence de nature des eaux.

Mais ce n'est pas tout. M. Barral et les partisans de tout
projet qui n'est pas celui de la Ville ont oublié quelques
autres considérations qui ne sont pas sans importance.

Voilà un second puits, donnant de 6 à 8,000 mètres
cubes d'eau, qui réduit d'un tiers le premier puits, qui
donnait 900 mètres cubes.

Si le troisième puits donne aussi (nous l'admettons)
8,000 mètres, mais en même temps réduit le second
d'un tiers, comme le second a réduit le premier, il en résultera que le second ne donnera plus que 5,400 mètres
cubes environ, et que le troisième puits n'aura réellement
augmenté que de 5,400 mètres la quantité d'eau acquise
à la Ville, et ainsi de suite.

Laissons de côté ces chances et un grand nombre de
difficultés qu'il est facile de prévoir et allons droit à la plus
grosse de toutes.

Lorsque les avantages des puits artésiens se sont révélés,

il y a une trentaine d'années, on a vu une foule d'industriels et de particuliers chercher à profiter de ces avantages. Tout le monde a entendu parler des puits de Saint-Denis, de Tours et autres villes. On sait aussi que ces puits, trop rapprochés les uns des autres, se sont nui mutuellement, et que plusieurs même ont cessé de couler.

Le succès du puits de Passy, bien qu'il n'ait pas tenu toutes ses promesses du premier jour, est bien fait pour exciter la même émulation.

Nous croyons savoir que, profitant de l'expérience coûteuse de la ville de Paris, des ingénieurs spéciaux, très-distingués, se font fort, aujourd'hui, de forer des puits semblables pour le tiers et même le quart de la somme dépensée à Passy.

Nous savons aussi qu'il existe, dans le rayon de Paris et dans son enceinte même, des industries ou des établissements qui utilisent des quantités d'eau telles, que ce serait pour eux une économie de consacrer une très-forte somme au forage d'un puits artésien (1).

Or la loi ne permet pas à la ville de Paris de s'opposer à de pareilles entreprises. Ni en droit, ni en équité, on ne peut espérer des pouvoirs publics une pareille interdiction. Des dispositions restrictives de ce genre n'auraient quelque chance d'être accueillies que pour une ville dépourvue de tout autre moyen de se procurer des eaux salubres (2).

(1) Nous connaissons un établissement qui a un abonnement annuel de 22,000 francs, qui représentent bien un capital de 400,000 francs au moins.

On lit dans le *Constitutionnel* du 5 janvier 1862 :

« On fait en ce moment un puits artésien, au milieu d'une grande propriété, « près la barrière du Trône, sur le côté méridional du boulevard du Prince-« Eugène. »

(2) Citons la ville de Laon, située sur une espèce de pyramide. On ne peut y boire que les eaux de puits excessivement profonds ou celles d'une source qui coule au pied de la montagne.

Or l'eau des puits de Laon est presque aussi mauvaise que celle des puits de

Or, évidemment, Paris n'est pas dans ce cas et chercherait en vain à se faire accepter comme une exception à la loi commune qui protége la propriété.

Les choses étant ainsi, il peut arriver que des puits forés au profit d'industries particulières se multiplient au point de réduire énormément et peut-être à rien les puits de la Ville.

Pour que ceux-ci remplissent un rôle vraiment utile, il faut qu'ils s'élèvent sur les monticules renfermés dans notre enceinte.

Les puits des particuliers, au contraire, se tiendraient à un niveau relativement très-bas. Il en résulterait que leur effet de réduction serait bien autrement puissant que ne l'a été l'action du puits de Passy sur le puits de Grenelle.

Qu'on tire maintenant les conséquences de ces aperçus.

A quelles récriminations ne s'exposerait pas notre édilité, si, après avoir fait des sacrifices en forages et avoir abandonné les projets actuels, elle devait, dans peu d'années, reconnaître qu'elle s'est trompée et revenir à ces projets?

Nous n'insisterons pas davantage sur les développements de cette question, parce que nous savons que le public parisien aura bientôt connaissance du rapport d'une Commission qui a été chargée de la traiter par M. le Ministre de l'agriculture, du commerce et des travaux publics.

On verra, dans ce rapport, par quelles puissantes considérations la Commission a été conduite à déclarer qu'il n'y avait pas lieu, même en présence du succès du puits foré de Passy, de renoncer aux projets de la Ville et de

---

Paris; elle est très-séléniteuse et marque 80 degrés hydrotimétriques. L'eau de la source, qu'on préfère et qu'on monte péniblement jusque dans la ville, est aussi très-séléniteuse et donne au moins 40 degrés à l'hydrotimètre.

Si Laon avait un puits artésien, ne serait-ce pas un crime de lèse-humanité ue s'exposer à le tarir en creusant non loin de lui des puits industriels?

s'adresser exclusivement, pour son alimentation, aux eaux des puits artésiens.

Avant d'aborder quelques autres questions très-graves, qu'il nous soit permis de faire remarquer une préoccupation singulière de l'honorable M. Barral, lorsqu'il s'exprime ainsi :

« Nous voyons là la preuve du terrain que gagne notre « opinion relative à la spécialisation des différentes eaux : « les eaux très-pures pour la boisson des habitants, les « eaux douteuses pour les autres usages. »

Un esprit aussi distingué que celui de M. Barral était bien capable, assurément, de concevoir la *spécialisation des eaux ;* mais il arrive souvent que les beaux esprits se rencontrent, et cette spécialisation, en ce qui concerne Paris, a été proposée et mise en pratique, il y a près de soixante ans, sur les ordres du premier Consul, par Girard, ingénieur du canal de l'Ourcq.

Depuis qu'il est question des nouvelles eaux de Paris, tous les documents n'ont cessé de poser en principe qu'il y aurait, à Paris, des eaux de diverses natures, et que chacune d'elles recevrait la destination la mieux appropriée à cette nature. C'est bien là, assurément, de la spécialisation. Nous sommes heureux que ce principe ait, dans M. Barral, un partisan de plus.

Dans un autre passage de son premier article, M. Barral a laissé tomber de sa plume un mot qui est bien fait pour étonner, venant d'un chimiste très-distingué.

En effet, M. Barral dit textuellement *qu'une foule d'analyses chimiques* contribuent, pour leur part, à *obscurcir,* depuis tantôt dix ans, le problème des eaux de Paris.

Ne nous plaignons pas de cette boutade, car elle va nous fournir le moyen de présenter ici une considération qui nous a échappé plus haut ; cette considération prouvera aussi que les analyses chimiques sont bonnes à quelque chose, même quand il s'agit d'éclairer le problème des eaux de Paris.

On a certainement lu avec intérêt l'analyse des eaux de la Dhuis par M. Poggiale et l'ingénieuse comparaison de leur composition avec celle des eaux de la Seine (1).

Il en résulte que la proportion des sels calcaires et magnésiens dans les deux eaux est la suivante :

	Eau de la Dhuis.	Eau de la Seine.
Carbonate de chaux.	0 gr ,209	0 gr ,177
— de magnésie.	0 ,024	0 ,019
Sulfate de chaux.	0 ,001	0 ,018
	0 gr ,234	0 gr ,214

TOTAUX DES SELS TERREUX.

Eau de la Dhuis.	0 gr ,234
Eau de la Seine.	0 ,214
Différence.	0 gr ,020

Traduisons : dans un litre d'eau de la Dhuis il se trouve 234 milligrammes de sels calcaires ou magnésiens.

Dans un litre d'eau de la Seine il se trouve 214 milligrammes des mêmes sels, soit 20 milligrammes ou 2 centigrammes de moins ; pas la moitié d'un grain (ancien poids), pour me faire comprendre de tout le monde.

Or c'est surtout à la présence et à la proportion plus ou moins heureuse de ces sels que les eaux potables doivent d'être plus ou moins *agréables,* plus ou moins *dures* ou *crues.*

Il est de la dernière évidence que 2 ou 3 centigrammes de plus de carbonate de chaux dans un litre d'eau ne peu-

(1) Les chiffres pour l'eau de la Seine sont la moyenne des treize analyses faites par M. Poggiale sur des eaux puisées du mois de décembre 1852 au mois de février 1855.

vent pas altérer sensiblement ses qualités, ni au goût ni même aux réactifs chimiques.

Cependant, à l'hydrotimètre, les eaux de la Dhuis donnent 22,5 à 23 et même 24 degrés, suivant les expérimentateurs ; tandis que l'eau de la Seine prise dans le fleuve ne donne que de 18 à 20 degrés, suivant la saison et la hauteur de l'eau.

Comment expliquer ces différences de 2, 4 et même 6 degrés, si les sels calcaires et magnésiens se trouvent dans les deux eaux sensiblement dans les mêmes proportions ?

Cette réflexion nous était déjà revenue plusieurs fois à l'esprit, sans que nous ayons pu trouver une réponse satisfaisante ; nous y sommes cependant parvenu.

Les sels calcaires et magnésiens ne sont pas les seuls corps qui, dissous dans les eaux, expriment des degrés à l'hydrotimètre.

L'acide carbonique en excès ou libre agit parfaitement sur la liqueur savonneuse hydrotimétrique.

MM. Boutron et Boudet l'avaient déjà remarqué et avaient donné, dans leur instruction pour l'application de l'hydrotimétrie, le moyen de déterminer la proportion d'acide carbonique libre.

Nous avons voulu vérifier de nouveau nous-même ce curieux phénomène.

Ayant chargé d'acide carbonique à différents degrés de l'eau distillée, nous avons essayé ces eaux avec l'hydrotimètre. Nous avions ainsi des eaux ne contenant aucun sel calcaire ou magnésien et qui, cependant, accusaient jusqu'à 80 degrés à l'hydrotimètre ; en les mélant avec de l'eau distillée pure, nous avons eu successivement 56, 40 degrés, etc., comme MM. Boutron et Boudet.

Notre attention une fois éveillée sur ce point, nous nous sommes demandé si les degrés accusés par l'eau de la Dhuis, et qui ne paraissaient pas *proportionnels* à sa contenance calcaire ou magnésienne, ne seraient pas dus *à un excès d'acide carbonique.*

Un regard jeté sur les analyses comparées de M. Poggiale a confirmé à l'instant cette manière de voir.

En effet, suivant M. Poggiale, l'eau de la Seine porte avec elle, en moyenne, par litre, 23^{cc},30 d'acide carbonique libre.

Les eaux de la Dhuis en contiennent 29^{cc},46; soit, en plus, 6^{cc},16.

Cette différence explique parfaitement et en très-grande partie la différence hydrotimétrique qui existe entre les deux eaux, et l'explication est toute en faveur de l'eau de la Dhuis.

Elle montre aussi pourquoi M. Poggiale a trouvé à l'eau qu'il a analysée 24 degrés hydrotimétriques, tandis que d'autres expérimentateurs n'ont trouvé que 23 degrés et même 22°,5. L'eau analysée par M. Poggiale a été puisée en grandes masses, avec un soin tout particulier, *à la fin de la saison*, et renfermée dans de grands flacons bouchés en cristal et très-pleins, en sorte que pas un atome de l'acide carbonique contenu dans cette eau n'a pu s'en échapper ni être remplacé par de l'air.

Les mêmes précautions minutieuses n'ont pas toujours été prises sans doute; aussi voyons-nous que M. Mangon, par exemple, n'a trouvé, par litre, que 25^{cc},4 d'acide carbonique libre, au lieu des 29^{cc},46 de M. Poggiale (1).

Mais voici une preuve bien plus évidente encore de l'exactitude de notre explication.

Le 27 novembre dernier, nous avions versé dans une carafe ordinaire, pour la faire goûter à nos convives, de

---

(1) Hâtons-nous de dire que l'eau analysée par l'honorable M. Mangon n'avait pas été puisée par lui ; elle avait évidemment déjà perdu une partie de son acide carbonique.

l'eau de la Dhuis, puisée par nous-même le 15 septembre, et tenue jusque-là parfaitement bouchée.

Le 12 décembre suivant, une circonstance fortuite nous a engagé à déterminer de nouveau le degré de l'eau restée dans la carafe; elle n'en remplissait plus alors que la moitié environ.

Quel n'a pas été notre étonnement de ne plus trouver à cette eau que 20 degrés !

Craignant quelque erreur, une nouvelle bouteille d'eau de la Dhuis, restée bouchée, a été ouverte.

On l'a versée dans une carafe ordinaire, qu'elle a remplie aux deux tiers. C'était le 12 décembre.

Le 19, elle ne donne que 22 degrés.

Cette même eau, exposée à l'air pendant quelques jours de plus ou laissée en vidange dans un vase bouché, perd de 2 à 3 degrés, et n'accuse plus que 20 degrés.

Quelques jours encore font descendre le degré hydrotimétrique jusqu'à 18 degrés.

Ainsi se trouve confirmée la conjecture que nous avions formée, en réfléchissant à la grande ressemblance des deux eaux de Seine et de la Dhuis par rapport à leur contenance calcaire (1).

Il est évident que ce n'est plus une différence de 3 à 4 degrés qu'il faut assigner entre ces eaux au point de vue hydrotimétrique, mais une différence de 2 degrés au plus; en sorte que le degré moyen de l'eau de Seine étant 18 degrés, celui de l'eau de la Dhuis n'est que 20 degrés.

Et, quant à la différence apparente que signale l'hydrotimètre, elle est due, non pas à une proportion sensible-

---

(1) Cette réduction des degrés hydrotimétriques de l'eau de la Dhuis avait déjà été prévue et annoncée par MM. les ingénieurs. M. Belgrand, en agitant cette eau ou en la versant d'un vase dans un autre, avait fait descendre de 23 à 18 son degré hydrotimétrique. Dans ces diverses circonstances, il doit se déposer une petite quantité de carbonate de chaux, en même temps que se dégage une partie de l'acide carbonique.

ment plus grande de sels calcaires, mais bien à une proportion plus considérable d'acide carbonique libre.

Or, non-seulement cette plus grande proportion de gaz n'est pas un *défaut*, c'est au contraire une *qualité*, et, sans qu'il soit besoin de recourir, pour le démontrer, à des considérations scientifiques, nous n'aurons qu'à rappeler cette incroyable consommation d'eau gazeuse qui se fait en France, depuis quelques années, sous toutes les formes et avec un succès non contesté.

Qu'il nous soit donc permis de rendre grâce aux analyses chimiques, qui, bien loin d'avoir obscurci pour nous la question des eaux de Paris, nous ont, au contraire, mis sur la voie d'une observation dont l'intérêt et la nouveauté n'échapperont à personne.

Nous aurions désiré pouvoir borner là nos observations, en réponse à celles de notre honorable collègue; mais nous ne pouvons laisser passer, sans une réponse catégorique, une dernière allégation qui, sans doute, lui a échappé dans la rapidité de la rédaction d'un article de journal.

M. Barral dit d'abord ceci :

« Aussi nous nous occuperons peu des hommes, mais
« davantage des choses; *ce n'est pas en citant des autorités,*
« *mais bien en donnant des raisons qu'on peut faire jaillir la*
« *vérité.* On n'a rien prouvé du tout en disant d'un sys-
« tème : il est mauvais, parce qu'il a été rejeté par tel ou
« tel corps. »

M. Barral ne veut pas qu'on *cite des autorités.*

Cela est permis à ceux qui sont des *autorités* par eux-mêmes. Quand on parle d'un de ces hommes rares, on dit *qu'il fait autorité.*

Mais ces autorités ne doivent leur puissante influence qu'à une longue habitude d'appuyer ce qu'elles avancent ou proposent (comme le dit M. Barral) par de *bonnes raisons, des faits et des expériences.*

Est-ce là ce qu'a fait M. Barral quand il a dit *que les aqueducs qu'on veut construire seront toujours soupçonnés de recéler dans leurs flancs des goîtres et des scrofules?*

Non! M. Barral n'apporte, à l'appui de cette étrange imputation, aucun fait, aucune preuve, aucune raison. M. Barral se considérerait-il, dans cette circonstance, comme un homme qui fait autorité? Nous croirions lui faire injure si nous supposions une pareille présomption à notre collègue. Mais alors, où donc M. Barral a-t-il pris l'inspiration de cette lugubre prédiction? Dans l'*excellente brochure publiée par M. le docteur Jolly, membre de l'Académie de médecine.*

Merci! voilà une approbation sans réserve, à laquelle notre autre collègue, M. le docteur Jolly, sera certainement très-sensible. Ces messieurs doivent être contents l'un de l'autre; mais nous, placé entre les deux, nous avouons sans détour que nous ne le sommes pas, et nous en dirons franchement la raison.

Quand nous disons que M. Jolly doit être content de M. Barral, nous allons trop loin sans doute.

M. Jolly n'est peut-être pas très-flatté qu'on lui impute cette invention *d'aqueducs qui portent des scrofules dans leurs flancs;* car M. Jolly s'était contenté des goîtres, des caries dentaires et des cancers d'estomac; il n'était pas allé jusqu'aux *scrofules.*

Ou bien, en prenant les choses à rebours, M. Jolly n'éprouvera-t-il pas quelque dépit qu'un agriculteur, entièrement étranger à la médecine, ait eu l'excellente idée d'ajouter les *scrofules* aux goîtres, aux caries dentaires et aux cancers d'estomac que M. Jolly avait déjà découverts dans les flancs des futurs aqueducs?

Quoi qu'il en soit, c'est bien M. Barral qui a fait cette découverte, à moins qu'il ne veuille absolument en faire honneur aux vénérables docteurs de la faculté de Reims de 1746 ; mais je serais obligé, dans ce cas, de lui faire remarquer que c'est aux *eaux des puits de Reims*, infectés par mille immondices et surtout par *les infiltrations des latrines*, que les docteurs de 1746 attribuaient la triste propriété de donner les écrouelles.

Or il faut reconnaître, et M. Barral reconnaîtra certainement, qu'il est impossible de faire marcher de compagnie les eaux de puits calcaires et infectées de Reims, et les eaux vierges, limpides et pures des sources de la Dhuis.

Faut-il maintenant nous donner la peine de démontrer qu'il est absurde d'attribuer à des eaux de source la faculté d'engendrer les scrofules ? Nous n'aurions qu'à prendre les autorités médicales, depuis la première ou la plus ancienne, jusqu'à la plus récente ou la plus éclairée par cet esprit d'observation qui est aujourd'hui le fondement indispensable de toute opinion médicale.

Mais M. Barral ne veut pas qu'on cite des autorités. Alors pourquoi, lui, cite-t-il M. Jolly? M. Jolly serait-il pour lui une de ces autorités qui sont nécessairement infaillibles parce qu'elles s'opposent quand même à tout projet émanant de l'administration? Ou bien encore M. Jolly serait-il un de ces puissants écrivains qui sont reconnus, en médecine, comme des autorités devant lesquelles il faut absolument baisser pavillon ?

Nous en appelons de M. Barral *qui a lu l'excellente brochure de* M. le docteur Jolly à M. Barral *ayant lu* notre réponse, et nous n'ajouterons qu'un mot : c'est qu'il est affligeant pour nous que M. Barral ait pu trouver *excellente* une brochure dans laquelle nous sommes traité, non pas en collègue, mais en adversaire ignorant et sans vergogne.

M. FULGENCE MAILLARD,

MAIRE DE MORAINS.

Observations des maires et propriétaires de la vallée du Morin sur le projet de recherches d'eaux dans les vallées de la Somme-Soude et du Morin pour l'alimentation de la ville de Paris. (Châlons, imprimerie de T. Martins, 1861.)

———

Nous avons déjà dit que les projets de la ville de Paris devant avoir pour résultat de faire traverser plusieurs départements par des travaux d'art, il avait été ouvert, conformément à la loi sur les grands travaux d'utilité publique, des enquêtes dans ces départements. Ce sont les départements de la Seine, Seine-et-Oise, Seine-et-Marne, Aisne et Marne (1).

(1) Dans le département de la Marne, l'enquête a porté sur des projets étudiés par ordre de l'administration supérieure, dans le but de constater la puissance des réserves d'eau existantes dans les massifs crayeux voisins des ruisseaux de la Somme et de la Soude.

14

Le rapport de la commission d'enquête de la Seine a suffisamment fait connaître les observations consignées sur le registre déposé à l'hôtel de ville de Paris ; nous n'y reviendrons pas.

On nous assure qu'il n'a été fait aucune objection sérieuse dans les départements de Seine-et-Oise, Seine-et-Marne et Aisne. Il n'en a pas été de même dans le département de la Marne.

Le maire d'une commune du canton de Vertus, et les maires et habitants de treize autres communes voisines qui se sont joints à lui, ont présenté à l'enquête de longues observations ; ils étaient dans leur droit, et très-probablement nous n'aurions même pas eu connaissance de ces observations, si ces messieurs n'avaient pas jugé à propos de les faire imprimer en brochure et de répandre celle-ci.

Par cette démarche, M. Fulgence Maillard nous a fourni les moyens et donné le droit de discuter le *dire* qu'il a déposé à l'enquête. La pièce est curieuse et digne d'une réfutation ; elle commence ainsi :

« Les soussignés, maires et propriétaires de marais dans « la vallée du Morin,

« Prient M. le Président de la commission de recevoir « leurs observations sur le projet de recherches d'eaux « pour l'alimentation de la ville de Paris, et leur protesta- « tion contre l'exécution de travaux qui amèneraient iné- « vitablement *la ruine complète de leurs marais tourbeux,* « *dont la fertilité a déjà été plus que compromise par* « *un desséchement trop absolu, réalisé il y a quelques* « *années.* »

Le titre de la brochure de M. Maillard et cette introduction nous avaient fait supposer que l'auteur, se renfermant dans le rôle que sa position lui traçait naturellement, allait défendre avec mesure les intérêts de localité dont il se constituait le représentant ; qu'il ferait valoir les avantages

que les quatorze communes pouvaient retirer de l'existence
de certaines eaux sur leur territoire et le dommage que
pourrait leur causer la dérivation de ces eaux.

Mais un rôle si honorable et si bien approprié à la position de M. Maillard, comme maire d'une commune de cent
vingt habitants, ne devait pas suffire à son ambition. M. Fulgence Maillard n'a entrepris rien de moins que de donner
de rudes leçons aux ingénieurs, aux savants, aux finan-
ciers, aux administrateurs de la capitale. Tour à tour géo-
logue, chimiste, physicien, agronome, jurisconsulte, homme
d'État, M. Fulgence Maillard démontre par $a+b$ que nous
n'avons pas le sens commun, que nos prétentions sont ridicules et illégales, nos projets absurdes, nos calculs faux,
et notre rhétorique une vraie rhétorique de village. La
ville de Paris doit s'estimer bien heureuse que M. le maire
de Morains, faisant apparaître tout à coup la vérité à ses
yeux, lui évite le désagrément de tomber dans les erreurs
les plus grossières.

La brochure de M. Maillard n'a pas moins de quarante-
sept pages. Il y avait là de quoi déployer bien des argu-
ties, bien des sophismes, beaucoup de théories douteuses;
M. Maillard ne s'en est pas fait faute.

Du reste, nous devons commencer par lui rendre justice. Il est l'inventeur de bon nombre des singularités qui
ont été relevées plus haut à propos des publications de
MM. Jolly, Delamarre, Girard et autres. M. Maillard a été
pillé sans pudeur; ces messieurs ne l'ont point cité, ce qui
est fort mal : les héros de 1814, enterrés dans la vallée
tourbeuse, la vaine conception de luxe et de splendeur
monumentale, la Champagne volée de ses eaux et menacée
de mourir de soif, les fameux docteurs de 1746, etc., etc.,
toutes ces belles choses ont été trouvées ou inventées par
M. Maillard.

On nous permettra de n'en plus parler ; justice en a été

faite. Contentons-nous de ce qui reste à glaner dans la brochure de quarante-sept pages.

Elle commence par la condamnation de M. Maillard et de la cause qu'il prétend défendre, par M. Maillard lui-même.

En effet, M. Maillard convient tout d'abord *que la fertilité des marais tourbeux*, dont il s'agit, *a été plus que compromise par un dessèchement trop absolu, réalisé il y a quelques années.*

Mais, s'il en est ainsi, que nous veut donc M. Maillard ? Quelle influence pourrait avoir, *sur des marais desséchés il y a quelques années*, la dérivation de sources dont les eaux ne se rendent point ou ne se rendent plus dans ces marais ?

M. Maillard voudrait-il, par hasard, reconstituer ces marais tourbeux, en dépit des puissantes raisons de salut public qui les ont fait supprimer? Veut-il réinstaller dans la vallée de Saint-Gond la fièvre et les autres maladies pestilentielles qu'engendrent les marais? Veut-il enfin braver les lois, qui ont formellement prescrit le dessèchement des étangs, marais, tourbières ou autres parties du sol susceptibles de nuire à la santé publique?

Rappelons en peu de mots à M. Maillard la législation spéciale qui régit ces matières.

« *Loi du 11 septembre* 1792. Lorsque les étangs, d'après
« les avis et procès-verbaux des gens de l'art, pourront
« occasionner, par la stagnation de leurs eaux, des mala-
« dies épidémiques ou épizootiques, ou que par leur po-
« sition ils seraient sujets à des inondations qui envahis-
« sent et ravagent les propriétés inférieures, les conseils
« généraux des départements sont autorisés à en demander
« la destruction, sur la demande formelle des conseils
« généraux des communes et d'après les avis des adminis-
« trateurs de district.

« *Décret du* 16 *septembre* 1807. Art. 1ᵉʳ. La propriété
« des marais est soumise à des règles particulières.

« Le gouvernement ordonnera les desséchements qu'il
« jugera utiles et nécessaires.

« *Loi du* 21 *avril* 1810. *Section II. Des tourbières.*
« Art. 83. Les tourbes ne peuvent être exploitées que par
« le propriétaire du terrain, ou de son consentement.

« Art. 84. Tout propriétaire actuellement exploitant ou
« qui voudra commencer à exploiter des tourbes dans son
« terrain ne pourra continuer ou commencer son exploi-
« tation à peine de 100 francs d'amende, sans en avoir
« préalablement fait la déclaration à la sous-préfecture et
« obtenu l'autorisation. »

Telles sont les principales dispositions des lois relatives
aux terrains marécageux ou tourbeux. Il est facile de comprendre les motifs d'humanité qui ont conduit le législa-
teur à les formuler ; le devoir de veiller sur la santé des
populations était plus que suffisant. Rappelons aussi, en
peu de mots, à quels dangers la santé publique est exposée
par l'existence de ces terrains plus ou moins submergés
par les eaux.

« Les marais et les effluves miasmatiques qui s'en échap-
« pent constituent une des causes d'insalubrité les plus
« anciennement reconnues, et pourtant encore aujour-
« d'hui les plus formidables qui puissent être signalées et
« et qui doivent être combattues avec autant d'énergie que
« de persévérance. Au point de vue de l'hygiène, on doit
« comprendre sous le nom de marais, non pas seulement
« ce que désigne le langage vulgaire, mais dans un sens
« plus général, *toute portion du sol alternativement couverte*
« *et abandonnée par les eaux, et donnant lieu, sous l'influence*
« *du desséchement et de la chaleur, au dégagement des miasmes*
« *qui engendrent la fièvre,* etc.

« A la tête des pays d'étangs, il faut citer la Sologne, etc.

« Parmi les départements qui en contiennent le plus
« après ceux que nous venons de nommer, on remarque
« Eure-et-Loir, le Jura, Saône-et-Loire, l'Allier, la Nièvre,
« le Lot, Maine-et-Loire, *la Marne*, la Moselle.

« . . . .

« On le voit, les effluves des marais, portant la mort sur
« leur passage, déciment les enfants et les hommes, dé-
« peuplent les cités et réduisent dans une proportion ef-
« frayante la durée moyenne de la vie humaine (1). »

Voilà pourtant ce qui fait l'objet de la protestation de
M. Maillard et autres propriétaires *des marais tourbeux de
Saint-Gond. Ils veulent relever la surface du plan d'eau par
des barrages mobiles qui, étant supprimés à l'époque de la coupe
des herbes, permettraient d'enlever avec facilité les récoltes.*

C'est-à-dire que ces messieurs, chargés officiellement de
veiller à la santé des populations qu'ils administrent, vou-
draient, de gaieté de cœur, les placer dans la pire de toutes
les conditions hygiéniques, en les exposant aux émanations
de ces marais, mis plus ou moins à sec, dans les grandes
chaleurs, pour la coupe et l'enlèvement des herbes!

Et quelles herbes! Voici ce que l'expérience apprend à
ce sujet :

« Quand des pluies abondantes surviennent à la fin
« d'août et dans le mois de septembre, l'eau se réunit
« bientôt dans ces mêmes parties basses et séjourne sou-
« vent pendant plusieurs jours sur ce terrain ardent. Alors
« l'action combinée de l'humidité et de cette chaleur ex-
« cessive détermine la croissance presque instantanée d'un
« certain nombre de plantes, parmi lesquelles dominent
« des renoncules, divers carex et quelques autres plantes
« vivaces dont la végétation, suspendue pendant la séche-
« resse, reprend toute sa force aussitôt que le séjour de

____

(1) *Dictionnaire d'hygiène publique,* le docteur Tardieu.

« l'eau pluviale vient rendre au sol l'humidité dont elles
« ont besoin. Ces plantes poussent avec la rapidité du
« champignon sur un sol qui ne reçoit jamais d'engrais et
« qui ne contient pas par lui-même les éléments propres à
« produire un fourrage de bonne qualité. Elles n'ont, pour
« élaborer leurs tissus, ni les longs jours, ni le soleil vivi-
« fiant du printemps, mais, au contraire, elles se dévelop-
« pent dans la saison des brouillards et des nuits prolon-
« gées ; ce sont des herbes molles dans lesquelles la sub-
« stance réellement nutritive n'est nullement en rapport
« avec l'énorme quantité d'eau qu'elles contiennent. Les
« bestiaux les mangent avec d'autant plus d'avidité, qu'ils
« n'ont trouvé aux champs, dans les mois précédents, que
« des bruyères, un peu d'ajoncs et quelques graminées
« aussi sèches que la bruyère elle-même. Les animaux des
« races bovine et chevaline, doués d'un tempérament plus
« robuste, sont beaucoup moins sensibles à l'action de
« cette nourriture insalubre, et cependant il n'est pas rare
« de voir des bœufs et des vaches atteints, dans les mêmes
« circonstances, de la cachexie aqueuse. Quant aux bêtes
« à laine, dont le tempérament est mou et lymphatique,
« ces aliments trompeurs n'apportent à leur appareil diges-
« tif, à leurs organes assimilateurs que des matériaux in-
« suffisants ; leur sang s'appauvrit, et bientôt la circulation
« n'a plus assez d'activité pour entraîner au dehors cet
« excès d'eau qui s'infiltre peu à peu dans leurs tissus. »
(Dr Tardieu, *Dictionnaire d'hygiène publique.*)

Ces lignes ont été écrites pour la Sologne ; mais il n'y a
que trop de ressemblance entre tous les marais, pour la pi-
toyable nature des fourrages qu'on prétend y récolter.

C'est donc avec raison que le gouvernement a poursuivi
et poursuit encore dans le département de la Marne, comme
ailleurs, la suppression, par desséchement, de ces foyers pestilentiels, et l'on a peine à comprendre que les hommes

chargés de veiller sur la santé des populations osent protester contre des mesures si nécessaires.

A la vérité, on s'appuie sur une considération spécieuse.
A entendre M. Maillard et autres, le desséchement des
marais tourbeux de Saint-Gond entraînerait la ruine de
l'agriculture de toute la contrée. Mais, si cela était vrai, il
n'y aurait donc point d'agriculture sans marais tourbeux !
Comment donc parvient-on à tirer si bon parti de la terre
dans l'immense majorité des cantons privés de ce funeste
auxiliaire? Non-seulement les marais tourbeux, mais les
prairies naturelles elles-mêmes manquent dans une foule
de localités. Est-ce qu'on ne cultive pas la terre dans ces
localités ?

En vérité, cette objection n'est pas sérieuse et tombe devant la plus simple réflexion.

Au lieu de protester contre le desséchement de leurs marais pestilentiels, MM. les maires des cantons de Vertus et
autres feraient mieux d'étudier un système de culture approprié à leur sol et de donner l'exemple de cette culture
rationnelle. L'expérience apprend qu'il n'est aucune terre
dont on ne puisse tirer un parti avantageux quand on la
traite avec intelligence.

Nous nous abstenons de donner ici des conseils à
M. Maillard et à ses collègues ; mais il nous serait facile de
leur citer des propriétaires de la Champagne qui, placés
dans des conditions moins favorables que celles du canton
de Vertus, ont obtenu, avec le temps et le travail, les plus
beaux résultats. Ces résultats ont été constatés et récom-
pensés plus d'une fois par la Société impériale et centrale
d'agriculture de France.

Poursuivant sa malheureuse idée, M. Maillard s'étend
avec complaisance dans dix pages de la brochure sur la
théorie des marais, des tourbières, des plans d'eau, des
nappes souterraines, des sources, etc., toutes choses parfai-

tement oiseuses dans cette discussion et que M. Maillard fera bien de porter à la Société de géologie, de météorologie ou d'hydrologie, mais qui n'ont rien à faire dans la question de savoir si la Ville fera bien de donner à boire à ses habitants des eaux de source.

Tout ce que nous pouvons faire pour M. Fulgence Maillard à propos de cette tirade, c'est de lui faire notre compliment sur l'étendue de sa science en matière de vallées tourbeuses.

A la suite des théories scientifiques, viennent les théories financières. Nous aurions parfaitement compris que M. le maire de Morains exposât la situation financière de sa commune et les dommages que pouvaient lui causer les projets de la commune de Paris ; mais que M. Fulgence Maillard ait la prétention de donner des conseils à la ville de Paris, à ses représentants, à ses administrateurs ; qu'il prétende connaître mieux que nous nos intérêts, nos ressources, notre avenir, voilà qui nous paraît trop fort, et M. Fulgence Maillard nous permettra de passer purement et simplement sur cette partie de sa brochure sans nous donner la peine de la réfuter. M. Maillard, dans cette circonstance, rappelle par trop Gros-Jean voulant en remontrer à son curé.

M. Maillard n'est pas plus heureux quand il veut discuter la question de savoir si *la commune de Paris* a le droit d'exécuter, hors de son territoire, les expropriations nécessaires à l'exécution de ses projets, et cela, comme ne craint pas de le dire M. Maillard, *aux dépens de nombreuses communes moins importantes.*

M. Maillard oublie l'esprit comme la lettre de la loi.

Nul ne peut être exproprié sans une juste et préalable indemnité. Personne ne pense à violer cette sage disposition.

Mais, comme le mauvais vouloir de quelques-uns ou de

mesquins intérêts pourraient retarder et entraver même les entreprises les plus utiles à la majorité des citoyens, la loi a aussi posé en principe que la déclaration d'utilité publique, rendue avec certaines formes, entraînerait le droit d'expropriation.

Or, dans l'espèce, de quoi s'agit-il? d'amener dans la capitale d'un grand pays, occupée par une population de 1,700,000 âmes, des eaux potables préférables à celles dont elle a disposé jusqu'ici.

Ce grand intérêt serait balancé, suivant M. Fulgence Maillard, par celui de quatorze communes situées autour des marais de Saint-Gond.

Voici les noms et la population de ces quatorze communes :

	Habitants.
Morains.	120
Pierre-Morains.	175
Aulnay-aux-Planches.	135
Aulnizeux.	123
Vert-la-Gravelle.	423
Coizard.	330
Coujionnet.	147
Villevenard.	382
Oie.	196
Reuves.	247
Broussy-le-Grand.	523
Broussy-le-Petit.	285
Bannes.	453
Écury-le-Repos.	151
Total.	3,690

Admettons, pour le moment, qu'en effet cette population de 3,690 habitants, répartie dans quatorze villages ou plutôt dans quatorze hameaux, ait à souffrir un certain dommage de l'exécution des projets de la ville de Paris.

Ce serait, sans doute, une chose fâcheuse; mais il faut

convenir que les exemples de pareils incidents ne sont pas rares, et que d'ailleurs il serait difficile de démontrer que les intérêts de 1,700,000 habitants doivent se taire devant les convenances de 3,690.

Mais nous soutenons formellement qu'on n'a nullement démontré que les quatorze communes en question puissent être les victimes de nos projets. On n'entend en aucune façon s'emparer des eaux qui entretiennent les marais de Saint-Gond, et, dût-on détourner ces eaux et dessécher le marais, nous soutenons qu'on rendrait service aux quatorze communes au lieu de leur nuire. Privées de ce détestable fourrage qu'elles enlèvent péniblement de ce marais tourbeux, elles rechercheraient d'autres moyens d'alimenter leurs bestiaux et s'en trouveraient bien ; car il est démontré qu'une bonne culture a nécessairement pour base une production de bons fourrages. Or ce n'est pas l'herbe à emballage du marais de Saint-Gond qui peut alimenter un beau et nombreux bétail et produire les engrais dont les terres du pays ont si grand besoin.

Enfin nous nous permettons de douter qu'il y ait eu unanimité et spontanéité dans la démarche dont M. Fulgence Maillard s'est constitué le promoteur. Nous ne savons que trop comment on obtient ces sortes de démonstrations ; elles n'ont pour nous aucune valeur.

Nous nous sommes permis de passer outre sur les considérations financières de M. Fulgence Maillard. Nous en ferons autant sur la question qu'il prétend nous faire à propos des eaux de la Seine, sans relever cette phrase étrange :

« Il a été répondu, en ce qui concerne le projet de la
« Seine, que le motif de rejet indiqué était *une absurdité*,
« et on l'a assez bien prouvé. » (Feuilleton de l'*Union* du 3 février 1861.)

Nous sommes *absurdes !* soit. Quant au projet de la Loire,

M. Fulgence Maillard, toujours avec ce ton de supériorité d'un homme qui a le droit de traiter *d'absurdité* les opinions des autres, M. Maillard, disons-nous, démontre *l'absurdité* des riverains de la Loire, qui ont pris la liberté grande de défendre la Loire, comme M. Maillard défend le Morin.

Dans toute cette discussion, comme on voit, tout le monde est *absurde*, excepté M. Fulgence Maillard.

Comme nous avons parlé avec détail des projets fondés sur la dérivation des eaux de la Loire, nous n'y reviendrons pas ici.

Passant ensuite aux questions les plus ardues de la chimie et de la physiologie, M. Fulgence Maillard traite nécessairement à son tour la fameuse question de *l'aération* des eaux.

Suivant lui, « les eaux de la Champagne, captées dans les
« massifs de craie et amenées à Paris sans avoir été expo-
« sées au contact de l'air et aux rayons du soleil, seraient
« évidemment dans de très-mauvaises conditions sous le
« rapport de la salubrité, et, outre l'inconvénient d'être
« lourdes et indigestes, elles développeraient, sans aucun
« doute, chez les personnes à tempérament lymphatique
« ou chlorotique, des goîtres, surtout chez celles qui,
« comme les jeunes filles, les jeunes femmes et les ouvriers
« pauvres, ne mélangent pas de vin à l'eau qu'elles boi-
« vent. »

Ce passage démontre qu'à toutes les connaissances que nous avons déjà reconnues à M. Fulgence Maillard nous aurons à ajouter une profonde perspicacité médicale. Mais ce n'est point cette question que nous voulons traiter ici à propos de ce passage. La question médicale a été épuisée avec M. le docteur Jolly, c'est assez.

Il reste la question de la *mauvaise qualité des eaux captées dans les massifs de craie de la Champagne*. Nous sommes en mesure d'en dire notre avis à **M. Maillard** : *Ces eaux sont les meilleures de la Champagne et le disputent aux meilleures eaux de France comme eaux potables.* Voilà ce que nous allons démontrer catégoriquement.

Dès l'origine du camp de Châlons, MM. les officiers de santé chargés de veiller sur la santé du soldat se préoccupèrent de la qualité des eaux qu'il allait consommer.

Dans un rapport adressé à M. le ministre de la guerre à la fin de 1857, M. le baron Larrey, chef du service de santé du camp, s'exprimait ainsi au sujet des eaux du camp :

« L'eau des rivières (voisines du camp) est de bonne
« qualité, assez claire, limpide, fraîche, inodore, agréable
« au goût et propre à la cuisson des légumes. Les habitants
« des villages en font néanmoins peu d'usage pour boire ;
« ils s'en servent plutôt pour le breuvage des animaux et
« pour le blanchissage. Ils préfèrent creuser des puits
« d'où l'eau jaillit d'ordinaire à 8 ou 10 mètres de pro-
« fondeur. Cette eau est un peu trouble et blanchâtre, par
« la suspension d'une certaine quantité de carbonate cal-
« caire. Elle est pourtant sans saveur mauvaise, quoi-
« qu'un peu crue et froide ; mais, clarifiée, elle ressemble à
« l'eau de roche et est meilleure, en apparence, que l'eau
« courante.

« On serait porté à croire, d'après divers renseigne-
« ments, que l'eau des puits est moins malsaine, car les
« habitants du pays la préfèrent généralement à l'eau des
« rivières, et les étrangers qui en font usage pour la pre-
« mière fois n'en sont point incommodés. Ajoutons que les
« ouvriers du camp pouvaient en boire impunément et en
« abondance pendant les plus grandes chaleurs de la sai-
« son et au milieu même de la sueur de leurs travaux. »

En 1859, M. Périer, médecin en chef, s'exprimait de la manière suivante dans un rapport sur l'état du camp en 1858 :

« *Des eaux*. La Suippe et la Vesle étant à une trop
« grande distance du campement pour servir, sans travaux
« d'art particuliers, à l'usage des troupes, l'an dernier, le
« Cheneu et les puits forés par le génie ont fourni la somme
« d'eau nécessaire aux besoins de l'armée. Cette année, la
« source du Cheneu s'étant tarie, *le précieux réservoir que*
« *constitue le banc crayeux* sur lequel le camp est assis a
« seul donné, à une température toujours agréable et
« avec des qualités salubres, toute l'eau qui a été con-
« sommée.

« . . . .

« Pour les usages de l'alimentation, l'eau des pompes a
« sur celle des cours d'eau l'avantage de n'avoir *pas le goût*
« *tourbeux* que l'on a reproché à celle-ci, et celui d'être,
« par tous les temps, d'une température agréable. »

M. le docteur Morin, médecin aide-major au 26ᵉ régi-
ment, s'est aussi occupé des eaux du camp de Châlons
dans un mémoire publié en 1858.

« Cette eau, inodore, d'une saveur fraîche et pénétrante,
« est d'une couleur lactescente ; mais cette nuance, due à
« la présence du carbonate de chaux, disparaît par le re-
« pos du vase, et mieux encore par l'addition de quelques
« gouttes de vinaigre. A part la couleur, cette eau est
« d'une bonne qualité, cuit parfaitement les légumes, et,
« bue avec prudence pendant les fortes chaleurs, n'a ja-
« mais causé aucun accident. »

Enfin M. Fleury, pharmacien aide-major, s'est livré à
une étude détaillée et comparée des eaux du camp, de l'eau
de la Marne et de celle d'un puits de Châlons.

Il est résulté de cette étude, publiée en 1861 (*Recueil
des mémoires de médecine, chirurgie et pharmacie militaires*,
tome VI), que l'eau de la Marne donnant 18°,3 hydrotimétriques, les eaux de puits du camp ont donné les chiffres
suivants :

Degrés hydrotimétriques.

Quartier de cavalerie.	22,3
Hôpital.	11,6
Ambulance du centre.	16,5
Ambulance de gauche.	13,3
Ambulance de droite.	13,6
Parc du génie.	9,0
Baraques du génie.	8,6
Quartier impérial.	11,5
Abreuvoir de la cavalerie.	14,0
Campement du 83ᵉ régiment.	11,8
Campement du 7ᵉ bataillon.	14,3
Lavoir du 66ᵉ régiment.	15,3
Campement du 1ᵉʳ hussards.	13,3

Ces chiffres ne laissent rien à désirer, et comme **M. Fleury** démontre suffisamment, par la manière dont il traite ce sujet, que sa compétence doit inspirer une entière confiance, nous aurions pu nous contenter de ces intéressants résultats, corroborant si nettement les opinions des médecins, et regarder comme démontré *que les eaux de puits du camp de Châlons, ou, si l'on veut, de la nappe souterraine de ce plateau crayeux sont des eaux potables de première qualité.*

En effet, le seul reproche qu'on ait pu leur faire de temps en temps a été d'arriver, par les pompes, avec une légère teinte opaline due à la présence d'un peu de craie très-fine tenue en suspension dans l'eau. Mais il est évident que cet effet n'a été dû qu'à des circonstances purement accidentelles. Tantôt les puits étaient trop récemment forés ; d'autres fois, ils n'étaient pas revêtus de maçonnerie ; on s'est aperçu aussi que, faute de précautions, les eaux pluviales descendaient quelquefois dans les puits sans filtrer dans le sol et entraînaient avec elles un peu de calcaire qui troublait leur eau.

Il est évident que cet inconvénient est facile à éviter ;

ajoutons qu'il n'existe même plus, car les eaux puisées ces jours-ci, à notre demande, par **M.** Maumené, sont parfaitement limpides.

Comme nous venons de le dire, nous aurions pu admettre comme suffisamment démontrée la bonne qualité des eaux de la nappe souterraine du camp de Châlons; mais nous avons voulu qu'il ne pût s'élever à ce sujet aucune espèce de doute. En conséquence, nous avons prié **M.** Maumené, professeur de chimie à Reims, bien connu par la remarquable exactitude de ses travaux, de vouloir bien se transporter lui-même au camp, de recueillir des eaux sur divers points, d'en faire, de son côté, l'épreuve hydrotimétrique et de nous en envoyer des échantillons, afin de répéter à Paris ces mêmes épreuves.

Voici les deux lettres qui nous ont été adressées à ce sujet par l'honorable M. Maumené.

Reims, 1er janvier 1862.

« La réputation *universelle des eaux* du camp est excel-
« lente; pourtant ces eaux, *celles qu'on boit*, sont des eaux
« de puits; on ne touche pas aux eaux du ruisseau qui
« est trop éloigné des baraquements.

« Il existe au moins 150 puits (on en a creusé davan-
« tage), et, sauf un point où pendant le creusage il se dé-
« gageait assez d'hydrogène sulfuré, parce qu'il y avait
« abondance de pyrites dans la craie, partout les condi-
« tions d'ensemble sont excellentissimes.

« Il n'y a pas plus de 1 et 1/4 pour 100 à peu près de
« malades. 337 sur 28,000 hommes. Il y a eu des cas de
« goître : 2 seulement en 1861; c'étaient des Savoisiens.
« Depuis la fondation du camp, il y en aurait eu (suivant

« une autre personne) plus de 10, à l'égard desquels on
« me promet des renseignements d'hôpital (1).

« Il paraît que, dans toute autre garnison, il est rare
« d'avoir aussi peu de malades, et que la proportion
« moyenne serait, en général, fort près de 5 pour 100. Vous
« devez être bien informé à cet égard.

« Des analyses nombreuses ont été faites 1° par M. Fleury,
« pharmacien militaire, qui a publié un rapport adressé
« au conseil de santé des armées (2);

« 2° Par M. Dugué, ingénieur en chef de la Marne (3);

« 3° Par MM. les officiers du camp (chirurgiens et offi-
« ciers du génie).

« Il résulterait de ces expériences que les eaux des puits
« donneraient : les meilleures, 12 à 13 degrés hydrotimé-
« triques; les plus mauvaises, 27 degrés.

« Une personne importante a paru très-préoccupée des
« projets de captation des eaux de la Somme-Soude. *On*
« *privera,* suivant elle, *le pays d'une eau qui est la base né-*
« *cessaire de la richesse agricole. Dans les temps de sécheresse,*
« *on n'aura pas une goutte d'eau.* — Malgré la contradic-
« tion, au moins apparente, de ces deux assertions, cette
« personne regarde comme funeste l'idée d'approvisionner

---

(1) Dans une troisième lettre du 15 janvier, M. Maumené nous a fait parvenir
les renseignements tirés des registres des hôpitaux.

Le nombre des goîtreux entrés à l'hôpital et aux ambulances du camp est de

  4 pour 1860,
  3 pour 1861.

(2) Nous avons donné, plus haut, les résultats favorables de M. Fleury.

(3) Il s'exprime ainsi : « A Châlons, un puits m'a donné 0^{gr},275 de sulfate
« de chaux par litre d'eau, et *les puits du camp, dont les eaux sont cepen-*
« *dant les meilleures de toute la Champagne, contiennent au moins le poids,*
« *et souvent le double du poids des sulfates constatés dans l'eau de la*
« *Seine* avant sa réunion à la Marne. » Cet aveu est précieux. Quant à la proportion de sulfate de chaux, nous démontrerons qu'elle est insignifiante.

D'ailleurs l'eau du puits de l'hôtel de la *Haute-Mère-Dieu,* à Châlons, recueillie
par nous-même, ne contient que 0^{gr},181 de sulfate de chaux, au lieu de 0^{gr},275
annoncés par M. Dugué, pour un puits qu'il ne désigne pas.

« Paris de cette manière et comme fausse la théorie de
« M. Belgrand. Plusieurs puits ont pu être taris sans
« abaisser le niveau d'autres très-voisins, au moins sensi-
« blement. Donc les eaux de dérivation pourront manquer.

« Quant à la qualité, les eaux sont excellentes. Certains
« puits qui, par des causes accidentelles, offraient d'abord
« une eau désagréable, celui de la cour de l'administra-
« tion du génie par exemple, ont, après quelques jours
« d'un service actif, offert tous les caractères des eaux
« salubres les plus pures. Les maladies du camp ont été
« surtout une petite épidémie de dyssenterie en 1861 ;
« mais cela tenait à l'entassement des hommes sous la tente
« et se présente au plus haut degré dans tous les camps (1).

« J'ai pris seulement six échantillons d'eau :

« 1° Dans le baraquement de la 3ᵉ division d'infanterie ;

« 2° Dans le quartier impérial, ou plutôt dans les écu-
« ries contiguës ;

« 3° Dans le quartier impérial proprement dit : c'est
« l'eau que boivent l'empereur et son état-major ;

« 4° Dans le baraquement de la cavalerie ;

« 5° Dans les bâtiments de l'administration ;

« 6° Dans les baraquements de l'artillerie.

« Vous pouvez voir, par le plan ci-joint, que ces six
« prises ont été faites sur le périmètre des eaux employées,
« périmètre qui n'a pas moins de 5,000 mètres diamé-
« tralement.

(1) Interrogé par l'empereur sur les effets que pouvait avoir sur la santé des troupes l'eau opaline des pompes, j'ai pu répondre à Sa Majesté que l'expérience nouvelle de cette année confirmait la prédilection que la population de Châlons et des environs du camp a pour l'eau des puits creusés dans la craie, eau qui paraît être utile par l'acide carbonique, par les carbonates qu'elle contient; qu'enfin la grande quantité de craie qui s'y trouve parfois en suspension n'a rien de défavorable; que probablement même elle est utile à l'époque où se montrent les dyssenteries, puisque la craie est un médicament capable de combattre certains flux abdominaux. (M. Périer, médecin en chef du camp.)

« Elles doivent, par conséquent, vous présenter une
« moyenne fort approximative des eaux du plateau, et, si
« je ne me trompe, c'est bien là ce que vous désirez.
« Comme vous avez bien voulu me le demander, je les
« étudie de suite, et, aussitôt mes résultats obtenus, j'aurai
« soin de vous les présenter.

Reims, 5 janvier 1862.

« Voici les résultats que j'ai obtenus pour les six échan-
« tillons des eaux du camp de Châlons :

1° ESSAIS HYDROTIMÉTRIQUES.

N° 1.	14,86
2.	12,92
3.	12,92
4.	14,86
5.	18,74
6.	16,75

« On m'avait annoncé, au camp, que le degré de tous les
« puits variait de 13 à 17 ou 18 degrés. Mes expériences
« confirment.

« J'ai fait évaporer demi-litre de chacune de ces eaux.
« J'emploie toujours un ballon.

RÉSULTATS POUR 1 LITRE.

N° 1.	$0^{gr},154$
2.	Perdu.
3.	0 ,150
4.	0 ,166
5.	0 ,176
6.	0 ,174

« Ces poids sont faibles, et celui du n° 3 ne diffère
« presque pas de celui du puits de Grenelle.

« Il n'y a que des traces de chlorure.

Dans le n° 1 . . . . Traces.
         2 . . . . Perdu.
         3 . . . . 8 à 9 milligrammes.
         4 . . . . 4 à 5
         5 . . . . 5 à 6
         6 . . . . 4 à 5

« Ces eaux sont donc essentiellement chargées de car-
« bonate de chaux seulement.

« On vante, au camp, la constance de leur température,
« qui serait d'environ 12 à 13 degrés. »

Comme on peut le voir et comme le dit lui-même M. Maumené, les résultats qu'il a obtenus de l'examen des eaux
du camp de Châlons, ont pleinement confirmé ceux de
M. Fleury.

En effet, la moyenne des essais de M. Fleury est 13,46
degrés sur treize eaux différentes.

La moyenne de M. Maumené, sur six eaux seulement,
est 15,17 degrés. Il serait difficile de se rapprocher davantage dans les circonstances un peu différentes des deux
expérimentateurs.

Ainsi que nous l'avons dit, M. Maumené nous a fait
parvenir les doubles échantillons des eaux qu'il a examinées. Voici les résultats que nous avons obtenus à Paris;
nous mettons tout de suite en regard nos résultats et ceux
de M. Maumené :

	Robinet.	Maumené.
Eau n° 1	14,50	14,86
2	14,00	12,92
3	12,00	12,92
4	12,50	14,86
5	15,50	18,74
6	15,50	16,75
MOYENNES. . . .	14,00	15,17

Les personnes qui ont quelque habitude des expériences de chimie reconnaîtront que les différences qui se voient dans les deux séries d'essais peuvent s'expliquer le plus naturellement du monde par le transport de l'eau ou par de légères différences dans les réactifs et la manière d'opérer ; de telle sorte qu'on peut considérer ces résultats comme tout à fait concordants.

Il nous resterait à déterminer la proportion de sulfate de chaux unie dans les eaux en question au carbonate calcaire. Le temps nous a manqué pour cette détermination ; mais elle avait été exécutée par M. Fleury. Il résulte de ses analyses que les treize eaux qu'il a examinées contenaient, par litre, en moyenne, $0^{gr},0336$ de sulfate de chaux.

L'eau de Seine, selon M. Poggiale (moyenne de onze analyses), contient seulement $0^{gr},0180$ du même sel calcaire. On n'a pas craint de se faire un argument de cette différence ; mais nous nous permettrons d'en rire, et le public en rira avec nous, aux dépens de ceux qui ont fait gravement cette objection.

En effet, si l'eau des puits du camp de Châlons contient, en moyenne, 3 centigrammes un tiers de sulfate de chaux par litre, soit 33 millionièmes de son poids, tandis que l'eau de la Seine n'en contient que 18 millionièmes, il faut convenir qu'il n'y a là que des différences homœopathiques, peu faites pour effrayer les buveurs d'eau et que, pour chercher à tirer parti d'un pareil argument, il faut être bien dépourvu de bonnes raisons.

Nous nous croyons donc parfaitement autorisé à tirer de ce qui précède les conclusions suivantes :

1° Les eaux des puits creusés dans le banc de craie, au camp de Châlons, sont des eaux potables de première qualité ;

2° Il est évident que ces eaux, trouvées toutes à la même

profondeur, font partie d'une nappe souterraine qui s'étend sous le plateau entier ;

3° On ne peut douter qu'en opérant des saignées ou drainages dans ce plateau on obtiendrait des masses d'eau considérables et de la même qualité que celle des puits ;

4° Par conséquent, l'épreuve du camp de Châlons est venue confirmer de la façon la plus éclatante les prévisions et les calculs de M. Belgrand, confirmés par ceux de M. Dumas ;

5° L'argumentation de nos adversaires, fondée sur la différence qu'ils supposaient exister entre les eaux souterraines et les eaux courantes de la Somme-Soude et autres cours d'eau de même origine, se trouve renversée de fond en comble par l'expérience ;

6° En effet, la moyenne hydrotimétrique de l'eau des puits du camp étant de 14 à 15 degrés, et celle de l'eau de la Somme-Soude de 13 degrés à 13°,50, il est évident que ces eaux ont la même origine ;

7° La parfaite salubrité de ces eaux est aujourd'hui démontrée par une épreuve qui se poursuit, depuis quatre ans, sur une population de plus de 30,000 hommes ;

8° La supposition que l'usage de ces eaux pourrait développer le goître est péremptoirement démentie par ce fait irrécusable, que les goîtres ne se sont montrés qu'en proportion insignifiante dans cette jeune population, composée cependant d'hommes venus de tous les points du territoire et, en partie, des contrées où la maladie est très-répandue ;

9° Enfin et en résumé, si, par la suite, la ville de Paris est obligée d'avoir recours, pour son alimentation, aux nappes d'eau souterraines de la Champagne, elle est assurée de trouver dans ces nappes une immense ressource en eaux potables de la plus excellente qualité.

On ne s'étonnera pas, à coup sûr, que nous ne nous

donnions pas la peine de répéter ici ce que nous avons dit plus haut au sujet de la proportion de l'air dissous dans les eaux dites souterraines, proportion qui serait tout à fait insuffisante selon nos adversaires. Les 30,000 consommateurs des eaux de puits du camp de Châlons savent à quoi s'en tenir sur cette piteuse objection. Nous n'avons pas appris, d'ailleurs, qu'on ait dû distribuer à l'armée des balais pour fouetter l'eau, ni des baquets pour l'exposer au soleil; et, si jamais on conduit de ces eaux à Paris, elles auront le temps de humer de l'air dans l'aqueduc de 200 kilomètres qui les conduira jusque dans nos murs.

Que M. Fulgence Maillard se rassure donc sur le sort des Parisiens. Il aura beau dire, il ne démontrera pas plus que c'est le défaut d'aération de l'eau qui donne le goître, qu'il n'a démontré que les eaux de la Champagne nous arriveront privées d'air.

Le long mémoire de M. Fulgence Maillard est suivi de conclusions qui ne sont que les corollaires de sa savante dissertation; il nous paraît inutile de les rapporter ici.

Le tout est terminé par cette formule : « Ont signé les « maires et les habitants des communes de Morains, « Pierre-Morains, etc., etc.

« Pour copie conforme :

« Le maire de Morains, Maillard (Fulgence). »

M. DUGUÉ,

INGÉNIEUR EN CHEF DU DÉPARTEMENT DE LA MARNE.

*Lettre adressée, le 5 août 1861, à M. Fulgence Maillard,
maire de Morains. (Châlons, imprimerie de T. Martin.)*

M. Dugué, par position et par conviction, s'est constitué un des adversaires les plus obstinés des projets de la ville de Paris. M. Fulgence Maillard ayant cru devoir publier les observations qu'il a déposées à l'enquête, M. Dugué a saisi avec empressement cette occasion de faire imprimer de nouveau une partie au moins de ses griefs. Sous prétexte de relever des erreurs de chimie, de géologie ou de constitution médicale, M. Dugué est venu prêter son concours à la protestation de M. Maillard et autres.

M. Dugué s'est trompé, s'il a cru que nous serions dupe de cet innocent stratagème, qui se dénonce par trop de lui-même dans ces deux lignes qui terminent la lettre de M. Dugué :

« Ces observations, Monsieur le Maire, n'infirment en
« rien les conclusions que l'on peut tirer de vos observa-
« tions, au contraire. »

Du reste, les objections de M. Dugué ayant été reproduites à satiété par la plupart de ceux qui se sont mêlés
de cette affaire, et ces objections ayant été réfutées surabondamment dans ce qui précède, il nous paraît inutile
d'y revenir.

M. LE BARON ERNOUF.

La Question des eaux de Paris, Revue contemporaine,
31 *décembre* 1861, *page* 650.

Un de nos amis, sachant que nous nous occupions des
objections produites contre le projet de la Ville, nous a
envoyé un numéro de la *Revue contemporaine*, dans lequel
se trouve la longue dissertation de M. le baron Ernouf.
Cet envoi était accompagné d'une lettre qui nous paraît
une réponse très-suffisante à la doucereuse opposition de
M. Ernouf.

Voici cette lettre :

« Je vous envoie un numéro de la *Revue contemporaine*
« qui contient un article sur les eaux de Paris. L'auteur,
« avec une apparence d'érudition (1) et sous une forme

------

(1) Comme M. Delamarre, M. Ernouf confond le marquis de Mirabeau avec son
fils, le comte Honoré-Gabriel Riquetti de Mirabeau.

« qui dissimule mal une certaine passion, reproduit tous
« les arguments qui ont été élevés contre les eaux de
« source et en faveur des eaux de Seine.

« Il va même plus loin que vos autres adversaires ; il
« soutient qu'on a réussi, à Marseille, à filtrer les eaux sur
« une grande échelle ; que les expériences faites par les
« ingénieurs du service municipal démontrent la possi-
« bilité de former des filtres naturels dans la vallée de la
« Seine, etc. (1).

« *La source de la Dhuis*, dit-il, *est bien voisine de ces*
« *marais de Saint-Gond, d'où sort le Morin, le plus mal famé*
« *des affluents de la Marne au point de vue des affections*
« *goîtreuses*, et l'un de ceux qui devaient fournir leur con-
« tingent de dérivation au *second aqueduc*, etc., etc.
« (p. 662).

« Ces assertions et ces insinuations sont contraires à la
« vérité. Dans les projets étudiés jusqu'ici, on n'a dirigé le
« Morin, soit le grand, soit le petit, dans aucune des déri-
« vations ; la source de la Dhuis, sortant des terrains ter-
« tiaires, est à 27 kilomètres au moins, à vol d'oiseau, des
« marais de Saint-Gond, qui reposent sur la craie.

« J'ajouterai, d'ailleurs, qu'à moins d'un quart de lieue
« de ces marais il existe des puits fournissant de l'eau
« identique à celle des puits du camp de Châlons.

« Tous ces messieurs qui veulent se rendre célèbres en
« s'abattant sur une question importante auraient bien
« dû, avant de s'aventurer dans des voies qu'ils ne con-
« naissent pas, aller conférer un quart d'heure avec
« MM. les ingénieurs ; s'ils avaient persévéré dans leur
« opinion, au moins ils ne l'auraient pas appuyée sur des
« raisons qui n'ont aucune valeur. »

Du reste, l'article de M. le baron Ernouf n'est qu'une

_____

(1) Voyez, page 117, la preuve du contraire.

analyse des différentes publications auxquelles ont donné lieu les projets de la Ville.

La seule chose originale avancée par notre honorable adversaire est le certificat d'excellence qu'il donne à l'eau d'Arcueil : « On a même été jusqu'à la taxer d'insalubrité; « une expérience personnelle de vingt-cinq ans nous per- « met d'affirmer que cette accusation est au moins fort « exagérée. »

Mais, s'il en est ainsi, comment M. Ernouf peut-il contester la salubrité des eaux de la Dhuis, qui sont d'une qualité bien supérieure à celle des eaux d'Arcueil?

L'eau de la Dhuis ne donne que 23 degrés au plus à l'hydrotimètre, tandis que celle d'Arcueil marque 38 degrés au moins. Pourquoi? pourquoi?

Le ton qui règne généralement dans l'article de M. Ernouf nous porte à croire qu'il aurait tout aussi bien conclu en faveur des projets de la Ville que contre ces projets, si, le jour où il s'est chargé de faire cet article, il avait vu la Seine bourbeuse, au lieu de la voir limpide. Mais cette question des eaux, elle n'a rien de politique, et c'était une occasion unique de faire parade d'une indépendance que personne ne conteste : Haro, haro sur les eaux de Paris !

M. LE DOCTEUR DÉCLAT.

Patrie, 10 *juillet* 1861.

M. HENRI ARRAULT.

Patrie, 17 *août* 1861.

M. LÉOPOLD GIRAUD.

Journal des villes et des campagnes, 28 *août* 1861.

M. PARISEL.

Le Moniteur des sciences, 28 *septembre* 1861.

M. LE DOCTEUR MIGNOT.

Le Moniteur des sciences, 12 *octobre* 1861.

MM. Déclat, Arrault, Giraud, Parisel, Mignot et quelques autres dont les noms nous échappent, n'ayant été que les soldats de l'armée ennemie dont MM. Delamarre, Grimaud, Girard, Maillard, etc., ont été les chefs, nous nous permettrons de traiter ces messieurs un peu sommairement et pour ainsi dire en bloc.

M. le docteur Déclat a lancé contre nous, le 10 juillet, un article de trois colonnes, d'une noirceur sans pareille, tant il est perfide, et duquel il résulte :

1° Que l'eau est, après l'air, l'élément le plus indispensable à la vie ;

2° Que l'eau provient de la fonte des neiges ou de la pluie ;

3° Que *tous* les médecins ont attribué l'endémie du goître au manque d'aération de l'eau ;

4° Que toutes les données de la science et les règles d'une saine hygiène proscrivent l'usage d'une eau prise à sa naissance.

D'où il est naturel de conclure qu'une administration éclairée et vigilante devrait faire combler tous les puits et entourer toutes les sources d'une clôture de 3 kilomètres au moins de tour, afin d'interdire l'approche de l'eau non aérée.

Quant à l'action, sur l'économie humaine, *des sels* dissous dans les *eaux naissantes*, nous renverrons M. le docteur Déclat au fameux docteur Noir, qui doit s'y connaître, puisqu'il guérissait les cancers avec *le sel* de nitre.

M. Henri Arrault, autre aide de camp de M. Delamarre, en sa qualité de chimiste et de secrétaire d'une commission d'hygiène, nous donne une rude leçon, dont nous ferons notre profit une autre fois ; mais nous ne voulons pas priver les savants de celle qui leur est destinée ; la voici :

« Tous les Parisiens ne sont pas des chimistes, mais la
« plupart sont des gens de bon sens : la question des eaux
« les intéresse vivement sans doute, car ils comprennent
« qu'il y a là une question de santé pour eux ; mais les
« disputes scientifiques sont si fastidieuses, et il est cer-
« tains savants qui aiment tant à obscurcir, à nier même
« la vérité !... »

Ma foi, s'il est loisible au premier venu de traiter ainsi les savants, personne ne voudra plus être de l'Institut, de l'Académie de médecine, de la Société philomathique, et l'on sera inévitablement conduit à rétablir l'ancienne Académie de Montmartre, qui trouvera un secrétaire tout fait dans la personne de M. Arrault.

Il existe à Paris un *Journal des villes et des campagnes, des maires, des curés,* etc., qui se vend rue des Grands-Augustins, n° 5. Nous n'aurions jamais pu croire que ce journal gratifierait MM. les maires et MM. les curés de la province d'un article, que disons-nous? de deux articles sur les eaux de Paris! Mais on a eu l'obligeance de nous les communiquer, et nous avons dû reconnaître que leur inconvenance et les facéties dont ils abondent ont pu distraire un moment MM. les maires et MM. les curés de leurs graves préoccupations (1). Ces articles ont un autre mérite. M. Léopold Giraud s'y moque assez agréablement du journal ministériel *la Patrie,* de ses *singuliers projets et de ses impraticables systèmes.*

Nous engagerons M. Léopold Giraud à s'entendre, pour l'eau de Seine, avec M. Jules Girard, du *Siècle,* qui la trouve détestable, et avec M. Delamarre pour ses procédés hydrauliques, que lui M. Léopold Giraud trouve absurdes. Entre ces doctes discoureurs, nous ferons comme l'homme de la fable : nous ne prendrons ni l'eau trouble de l'un ni les turbines de l'autre ; nous ferons un bel et bon aque-

---

(1) « Nous avons attendu, pour parler de cette question, le rapport de la *commis-* « *sion d'enquête administrative* chargée d'examiner le projet de dérivation des « sources de la Dhuis. Ce rapport a paru, et les conclusions sont en tout conformes « aux idées de M. le préfet, qui sont celles de l'empereur. Une si parfaite concor- « dance dans les idées ne surprendra personne, car la commission d'enquête est « tout à fait « administrative, » et les membres qui la composent, sénateurs, « inspecteurs généraux des services de la Ville, maires, etc., doivent nécessaire- « ment être de l'avis de l'administration. » Ceci est signé Léopold Giraud !... Nous reproduisons ce passage avec les convenances *typographiques* observées par le *Journal des villes et des campagnes.*

duc rempli d'eau claire, et nous sommes persuadé que MM. les maires et MM. les curés qui viendront, en ce temps-là, visiter la capitale nous en feront compliment. Quant à M. Léopold Giraud, ·nous sommes très-décidé à nous passer de son suffrage et même de celui de son pieux journal.

M. Parisel écrit dans le *Moniteur des sciences*. C'est, sans doute, à cause de cela que MM. Arrault et Giraud le traitent de : *le savant M. Parisel.* Quant à nous, n'ayant jamais entendu parler des travaux ni des découvertes de M. Parisel, nous sommes réduit à le juger sur ses articles.

Or, ces articles n'étant que des extraits ou des paraphrases des diverses publications auxquelles a donné lieu la question des eaux de Paris, il est impossible de classer M. Parisel sur la lecture de ces articles. Tout ce que nous pouvons faire, c'est de donner un échantillon choisi de la prose savante de M. Parisel. Les détails que nous avons donnés plus haut sur les projets de la Ville et les eaux de source sont plus que suffisants pour mettre tout le monde en état d'apprécier les opinions de M. Parisel.

« On se rappelle que l'eau qu'on veut amener à Paris
« est prise *au point d'émergence même des sources, par un*
« *drainage souterrain* dans la craie; que ces eaux, *saturées*
« de sels calcaires et très-mal aérées, en *tous points sem-*
« *blables aux eaux de puits,* sont amenées à Paris par des
« *canaux de fonte* et aqueducs en maçonnerie couverts,
« d'une pente très-douce, en un mot avec toutes les pré-
« cautions requises pour conserver, intactes, *leurs mau-*
« *vaises* qualités. Et c'est pour servir une telle boisson *à*
« *une population bien portante,* ASSISE au bord d'un fleuve
« dont la pureté est reconnue même par ses adversaires,
« qu'on propose *sérieusement* une dépense de 60 millions!
« On concevrait cette dépense, tout énorme qu'elle est,

« s'il s'agissait, comme à Reims en 1741 (1), d'écarter de
« nos lèvres l'eau qui nous verse la maladie ; mais payer
« la maladie aussi cher que la santé, c'est tenter un tour
« de force que l'exécution seule peut rendre croyable. »

Ce qui est incroyable, peu sérieux et impayable, c'est
l'article du savant M. Parisel.

Nous étions demeuré convaincu qu'il ne pourrait jamais rien paraître de plus écrasant pour nous que les savantes dissertations dont nous venons de rendre compte.
Hélas ! nous nous abusions.

Il était réservé à M. le docteur Mignot, de Viels-Mai-
sons (Aisne), approuvé en tous points par le savant M. Parisel, de dépasser en exagération tout ce qu'avaient imaginé MM. tels et tels cités plus haut.

M. le docteur Mignot reconnaît bien qu'il n'a encore
trouvé *qu'un seul cas de goître dans les vallées du Petit-Morin
et de la Dhuis !* qu'il n'est *pas absolument sûr que la carie
dentaire soit là plus fréquente que dans d'autres régions !* révélations qui ont dû contrarier quelque peu MM. Jolly,
Parisel, Maillard, Dugué et autres ; mais il ne saurait
douter de *l'influence pathogénique des eaux calcaires sur le
développement de la cataracte, ayant remarqué quantité de
cataracteux aux environs de Montmirail.*

Or, puisque M. le docteur Mignot n'a point découvert
ces innombrables goîtreux qui infestent lesdites vallées,
au dire de MM. Jolly, Maillard, Dugué et autres habiles
observateurs ;

Puisque ces messieurs n'ont pas vu *la quantité de cataracteux* remarqués par M. le docteur Mignot, nous n'avons
rien autre chose à faire que de renvoyer ces messieurs dos
à dos. Et quant à la théorie des cataractes *pierreuses, plâ-
treuses* et autres, imaginée par M. le docteur Mignot, nous

_____

(1) Lisez 1746, Monsieur Parisel.

l'engageons à la présenter au grand concours de l'Institut.

L'Académie des sciences ne peut manquer de décerner à M. le docteur Mignot le plus beau des prix Monthyon, non-seulement pour avoir découvert que c'est l'eau de puits qui engendre la cataracte, mais encore pour avoir, par cette lumineuse révélation, préservé la population parisienne et les académiciens eux-mêmes d'un aveuglement général.

MONSIEUR LE CONSEILLER D'ETAT,

Je ne conserve aucun doute sur l'impression qu'aura laissée dans votre esprit la lecture des considérations qui précèdent.

Vous aurez reconnu que cette levée de boucliers et cette espèce d'émeute, dirigées contre les projets de la Ville, ne s'écartent point des procédés ordinaires de l'opposition.

Attaques contre les choses, attaques contre les personnes, suppositions, allégations, allusions de tous genres, tantôt ridicules, tantôt inconvenantes, quelquefois calomnieuses, rien n'a manqué à cette ardente polémique.

Si elle a eu parfois un caractère particulier, c'est qu'on y a vu figurer des hommes ou des journaux qui, d'ordinaire, approuvent ou défendent même les projets et les actes de l'autorité.

Bien qu'il ne soit rien resté d'obscur pour nous dans l'interprétation de ces manifestations, nous nous abstiendrons de toute remarque irritante à ce sujet. Nos adversaires sauront bien se rendre justice à eux-mêmes; nous leur laissons ce soin.

Quant au ton animé que nous avons pris dans plus d'une occasion et qui ne nous est pas habituel, il se trouvera amplement justifié par les citations que nous avons eu soin de faire et qui font voir à quels excès nos adversaires se sont abandonnés maintes fois. Ils n'ont pas le droit de nous trouver sévère.

Nous aurions désiré que notre réplique eût moins d'étendue ; mais nous avons pensé que la question valait bien la peine d'être traitée à fond.

D'ailleurs on remarquera que la polémique proprement dite occupe la moindre place dans cet écrit. On y trouvera un très-grand nombre de renseignements utiles et intéressants, la plupart peu connus et plusieurs entièrement inédits ou nouveaux. C'est à ce titre que nous croyons devoir ajouter l'importante note suivante, qui éclairera le public sur les nouveaux arrangements que la Ville a dû prendre pour les abonnements d'eau, tant dans l'ancien que dans le nouveau Paris.

TRAITÉ AVEC LA COMPAGNIE GÉNÉRALE DES EAUX.

« Le traité avec la compagnie générale des eaux a été une conséquence forcée de l'annexion. Cette compagnie avait le privilége exclusif de la vente de l'eau et de la pose des conduites dans les rues de toutes les communes annexées, sauf Bercy. Elle tirait de ses abonnements un produit brut de 1,750,000 francs, qui s'était accru de 225,000 francs par an en moyenne dans les quatre dernières années.

« Le prix annuel de l'abonnement pour la fourniture de 1 mètre cube d'eau de Seine par 24 heures était de 280 francs. Dans l'ancien Paris, on avait le même volume d'eau de Seine pour 100 francs, et 1,500 litres d'eau d'Ourcq pour 75 francs.

« On ne pouvait laisser subsister une inégalité aussi choquante entre les Parisiens anciens et nouveaux. Il fallait donc entrer en arrangement avec la compagnie. Une expropriation aurait été très-onéreuse et entraînait dans des chances aléatoires que la Ville ne voulait pas subir; on suivit donc une autre voie.

« Il fut convenu que la compagnie céderait à la ville de Paris toutes ses propriétés servant à l'exploitation des eaux dans le département de la Seine, et qu'elle lui ferait l'abandon de toutes ses recettes acquises et de tous les priviléges qui lui sont conférés par ses traités avec les communes du département.

« En échange de cet abandon, la ville de Paris concède à la compagnie la régie intéressée des eaux destinées au service privé.

« L'édilité parisienne se réserve l'administration générale des eaux, le droit d'en disposer comme elle le juge convenable, de délivrer gratuitement toute l'eau nécessaire aux besoins des services publics et des établissements municipaux, départementaux ou hospitaliers; elle reste chargée de la pose et de l'entretien des conduites, de l'exploitation des établissements hydrauliques, etc.

« La compagnie est chargée de la vente de l'eau *mise à sa disposition* par la Ville pour les besoins du service privé. Elle contracte des traités d'abonnements avec les habitants de Paris, exploite à ses frais les fontaines marchandes, etc. Elle est chargée des recettes qu'elle verse toutes les semaines à la caisse municipale.

« Le produit des recettes est partagé ainsi qu'il suit :

« Au moment de la conclusion du traité, les recettes cumulées de la ville de Paris et de la compagnie montaient annuellement à 3,600,000 francs; sur cette somme, la compagnie prélève pendant cinquante ans une annuité de 1,510,000 francs, montant de ses produits nets acquis au moment de la conclusion du traité et des frais de régie laissés à sa charge.

« La Ville conserve le reste des recettes ou 2,090,000 fr.; les produits futurs se partageront dans la proportion de 3/4 pour la Ville, 1/4 pour la compagnie.

« Ce traité est avantageux pour la ville de Paris. Comme opération financière, il ne grève nullement son budget dans le présent, puisque la compagnie donne d'une main ce qu'elle prend de l'autre. Dans l'avenir, il augmentera les ressources de la Ville, car d'une part la compagnie a cédé ses priviléges pour la vente de l'eau à une population qui excède le quart de la population de Paris, et d'une autre part l'accroissement des produits des abonnements, avec le stimulant de l'intérêt privé, sera plus rapide que par le passé.

« Mais la question financière n'est qu'un accessoire dans un service qui touche aux premières nécessités de la population, et c'est surtout à ce point de vue que ce traité est avantageux.

« L'administration municipale pourra distribuer dans la zone annexée une quantité d'eau qui sera en rapport avec les besoins de la population. La compagnie ne distribuait que 13,000 mètres cubes par jour, le dixième de ce que la Ville donnait à l'ancien Paris.

« Elle pourra doter convenablement les services publics, et, à des prix modérés, donner l'eau gratuitement aux écoles, aux hospices et autres établissements municipaux et hospitaliers.

« Pour le service privé, il fallait établir un tarif uniforme, modéré, sans trop nuire aux recettes. Le prix annuel de l'abonnement, qui était, pour l'eau de Seine, de 100 francs dans l'ancien Paris et de 280 francs dans la zone annexée, a été fixé uniformément à 120 francs. Le prix du mètre cube d'eau d'Ourcq, qui était de 50 francs, a été élevé à 60 francs. Mais, pour que ces modifications ne frappassent pas sur les petits consommateurs de l'ancienne ville, on a arrêté à 60 francs le *minimum* des abonnements pour toute espèce d'eau, tandis que ce *minimum* était fixé ainsi qu'il suit :

« Eau de Seine { dans l'ancien Paris. . . . . . . 100 francs.
dans le nouveau Paris. . . . 75
« Eau de l'Ourcq. 75

« La compagnie a un délai de 2 ans pour effectuer ces modifications.

« Cette combinaison financière a déjà eu d'heureux résultats.

« Quoiqu'un grand nombre de dégrèvements aient été effectués, bien que la Ville ait pris l'eau gratuitement pour tous ses services publics et pour tous les usages des établissements municipaux et hospitaliers, le montant des recettes, pour cette année, restera de 3,600,000 francs, chiffre de l'exercice précédent, et s'accroîtra rapidement en 1862. »

Un dernier mot.

Si quelqu'un était tenté de s'étonner du retard apparent qu'aurait éprouvé la publication de cette lettre, nous ferions remarquer, d'une part, que nous avons eu à répondre à une dissertation du numéro du 31 décembre 1861 de la *Revue contemporaine*, et que c'est aujourd'hui le 15 janvier 1862.

D'autre part, qu'il a fallu du temps pour aller recueillir *nous-même sur les lieux*, en Champagne et ailleurs, les eaux et les documents dont nous avions besoin pour traiter la question.

Enfin nous étions informé que les *Documents officiels sur les eaux de Paris* allaient être publiés. Il était bon que le public ait eu le temps de les consulter, avant d'avoir à s'occuper de notre réplique, qui servira, jusqu'à un certain point, nous l'espérons, de complément à ces documents.

Recevez, Monsieur le Conseiller d'État, l'assurance de ma haute et respectueuse considération.

ROBINET.

TABLE MÉTHODIQUE.

TABLE ANALYTIQUE.

PARIS. — IMPR. DE MADAME VEUVE BOUCHARD-HUZARD, RUE DE L'ÉPERON, 5.